"十三五"国家重点图书出版规划项目

水利水电工程信息化 BIM 丛书 | 丛书主编　张宗亮

# HydroBIM-数字化设计应用

张宗亮　主编

中国水利水电出版社
www.waterpub.com.cn

·北京·

## 内 容 提 要

本书系国家出版基金项目和"十三五"国家重点图书出版规划项目——《水利水电工程信息化 BIM 丛书》之《HydroBIM - 数字化设计应用》分册。全书共 8 章，主要内容包括：绪论，HydroBIM 概念及体系架构，HydroBIM 标准体系，HydroBIM 技术体系，HydroBIM 在糯扎渡水电站的应用实践，HydroBIM 在观音岩水电站的应用实践，HydroBIM 在黄登水电站的应用实践，总结与展望。

本书可供水利水电工程行业 BIM 数字化设计参考借鉴，也可供相关科研单位及高等院校的师生教学参考。

## 图书在版编目（CIP）数据

HydroBIM-数字化设计应用 / 张宗亮主编. -- 北京：中国水利水电出版社，2023.4
（水利水电工程信息化BIM丛书）
ISBN 978-7-5226-1426-7

Ⅰ. ①H… Ⅱ. ①张… Ⅲ. ①水利水电工程－计算机辅助设计－应用软件 Ⅳ. ①TV-39

中国国家版本馆CIP数据核字（2023）第036217号

| 书　　名 | 水利水电工程信息化 BIM 丛书<br>**HydroBIM - 数字化设计应用**<br>HydroBIM - SHUZIHUA SHEJI YINGYONG |
|---|---|
| 作　　者 | 张宗亮　主编 |
| 出版发行 | 中国水利水电出版社<br>（北京市海淀区玉渊潭南路 1 号 D 座　100038）<br>网址：www.waterpub.com.cn<br>E - mail：sales@mwr.gov.cn<br>电话：（010）68545888（营销中心） |
| 经　　售 | 北京科水图书销售有限公司<br>电话：（010）68545874、63202643<br>全国各地新华书店和相关出版物销售网点 |
| 排　　版 | 中国水利水电出版社微机排版中心 |
| 印　　刷 | 北京印匠彩色印刷有限公司 |
| 规　　格 | 184mm×260mm　16 开本　14 印张　267 千字 |
| 版　　次 | 2023 年 4 月第 1 版　2023 年 4 月第 1 次印刷 |
| 印　　数 | 0001—1500 册 |
| 定　　价 | **90.00 元** |

# 《HydroBIM－数字化设计应用》
# 编 委 会

主　　编　张宗亮

副 主 编　赵志勇　严　磊　王　超

参编人员　张社荣　刘　涵　曹以南　王枭华　回建文
　　　　　刘增辉　巩凯杰　刘　宽　代红波　梁礼绘
　　　　　张礼兵

编写单位　中国电建集团昆明勘测设计研究院有限公司
　　　　　天津大学

信息技术与工程深度融合
是水利水电工程建设发展
的重要方向！

中国工程院院士
马洪琪
2016年6月

# 序 一

信息技术与工程建设深度融合是水利水电工程建设发展的重要方向。当前，工程建设领域最流行的信息技术就是 BIM 技术，作为继 CAD 技术后工程建设领域的革命性技术，在世界范围内广泛使用。BIM 技术已在其首先应用的建筑行业产生了重大而深远的影响，住房和城乡建设部及全国三十多个省（自治区、直辖市）均发布了关于推进 BIM 技术应用的政策性文件。这对同属于工程建设领域的水利水电行业，有着极其重要的借鉴和参考意义。2019 年全国水利工作会议特别指出要"积极推进BIM 技术在水利工程全生命期运用"。2019 年和 2020 年水利网信工作要点都对推进 BIM 技术应用提出了具体要求。南水北调、滇中引水、引汉济渭、引江济淮、珠三角水资源配置等国家重点水利工程项目均列支专项经费，开展 BIM 技术应用及 BIM 管理平台建设。各大流域水电开发公司已逐渐认识到 BIM 技术对于水电工程建设的重要作用，近期规划设计、施工建设的大中型水电站均应用了 BIM 技术。水利水电行业 BIM 技术应用的政策环境和市场环境正在逐渐形成。

作为国内最早开展 BIM 技术研究及应用的水利水电企业之一，中国电建集团昆明勘测设计研究院有限公司（以下简称"昆明院"）在中国工程院院士、昆明院总工程师、全国工程勘察设计大师张宗亮的领导下，打造了具有自主知识产权的 HydroBIM 理论和技术体系，研发了 Hydro-BIM 设计施工运行一体化综合平台，实现了信息技术与工程建设的深度融合，成功应用于百余项项目，获得国内外 BIM 奖励数十项。《水利水电工程信息化 BIM 丛书》即为 HydroBIM 技术的集大成之作，对HydroBIM 理论基础、技术方法、标准体系、综合平台及实践应用进行了全面的阐述。该丛书已被列为国家出版基金项目和"十三五"国家重点图书出版规划项目，可为行业推广应用 BIM 技术提供理论指导、技术借鉴和实践经验。

BIM 人才被认为是制约国内工程建设领域 BIM 发展的三大瓶颈之

一。据测算，2019 年仅建筑行业的 BIM 人才缺口就高达 60 万人。为了破解这一问题，教育部、住房和城乡建设部、人力资源和社会保障部及多个地方政府陆续出台了促进 BIM 人才培养的相关政策。水利水电行业 BIM 应用起步较晚，BIM 人才缺口问题更为严重，迫切需要企业、高校联合培养高质量的 BIM 人才，迫切需要专门的著作和教材。该丛书有详细的工程应用实践案例，是昆明院十多年水利水电工程 BIM 技术应用的探索总结，可作为高校、企业培养水利水电工程 BIM 人才的重要参考用书，将为水利水电行业 BIM 人才培养发挥重要作用。

中国工程院院士 钟登华

2020 年 7 月

# 序　二

　　中国的水利建设事业有着辉煌且源远流长的历史，四川都江堰枢纽工程、陕西郑国渠灌溉工程、广西灵渠运河、京杭大运河等均始于公元前。公元年间相继建有黄河大堤等各种水利工程。中华人民共和国成立后，水利事业开始进入了历史新篇章，三门峡、葛洲坝、小浪底、三峡等重大水利枢纽相继建成，为国家的防洪、灌溉、发电、航运等方面作出了巨大贡献。

　　诚然，国内的水利水电工程建设水平有了巨大的提高，糯扎渡、小湾、溪洛渡、锦屏一级等大型工程在规模上已处于世界领先水平，但是不断变更的设计过程、粗放型的施工管理与运维方式依然存在，严重制约了行业技术的进一步提升。这个问题的解决需要国家、行业、企业各方面一起努力，其中一个重要工作就是要充分利用信息技术。在水利水电建设全行业实施信息化，利用信息化技术整合产业链资源，实现全产业链的协同工作，促进水利水电行业的更进一步发展。当前，工程领域最热议的信息技术，就是建筑信息模型（BIM），这是全世界普遍认同的，已经在建筑行业产生了重大而深远的影响。这对同属于工程建设领域的水利水电行业，有着极其重要的借鉴和参考意义。

　　中国电建集团昆明勘测设计研究院有限公司（以下简称"昆明院"）作为国内最早一批进行三维设计和 BIM 技术研究及应用的水利水电行业企业，通过多年的研究探索及工程实践，已形成了具有自主知识产权的集成创新技术体系 HydroBIM，完成了 HydroBIM 综合平台建设和系列技术标准制定，在中国工程院院士、昆明院总工程师、全国工程勘察设计大师张宗亮的领导下，昆明院 HydroBIM 团队十多年来在 BIM 技术方面取得了大量丰富扎实的创新成果及工程实践经验，并将其应用于数十项水利水电工程建设项目中，大幅度提高了工程建设效率，保证了工程安全、质量和效益，有力推动工程建设技术迈上新台阶。昆明院 Hydro-BIM 团队于 2012 年和 2016 年两获欧特克全球基础设施卓越设计大赛一等奖，将水利水电行业数字化信息化技术应用推进到国际领先水平。

　　《水利水电工程信息化 BIM 丛书》是昆明院十多年来三维设计及 BIM 技术研究与应用成果的系统总结，是一线工程师对水电工程设计施工一体化、数字化、信息化进行的探索和思考，是 HydroBIM 在水利水电工程中应用的精华。丛书架构合理，内容丰富，涵盖了水利水电 BIM 理论、技术体系、技术标准、系统平台及典型工程实例，是水利水电行业第一套 BIM 技术研究与应用丛书，被列为国家出版基金项目和"十三五"国家重点图书出版规划项目，对水利水电行业推广 BIM 技术有重要的引领指导作用和借鉴意义。

　　虽说 BIM 技术已经在水利水电行业得到了应用，但还仅处于初步阶段，在实际过程中肯定会出现一些问题和挑战，这是技术应用的必然规律。我们相信，经过不断的探索实践，BIM 技术肯定能获得更加完善的应用模式，也希望本书作者及广大水利水电同人们，将这一项工作继续下去，将中国水利水电事业推向新的历史阶段。

中国科学院院士

2020 年 7 月

# 序　三

　　BIM 技术是一种融合数字化、信息化和智能化技术的设计和管理工具。全面应用 BIM 技术能够将设计人员更多地从绘图任务中解放出来，使他们由"绘图员"变成真正的"设计师"，将更多的精力投入设计工作中。BIM 技术给工程界带来了重大变化，深刻地影响工程领域的现有生产方式和管理模式。BIM 技术自诞生至今十多年得到了广泛认同和迅猛发展，由建筑行业扩展到了市政、电力、水利、铁路、公路、水运、航空港、工业、石油化工等工程建设领域。国务院，住房和城乡建设部、交通运输部、工业和信息化部等部委，以及全国三十多个省（自治区、直辖市）均发布了关于推进 BIM 技术应用的政策性文件。

　　为了集行业之力共建水利水电 BIM 生态圈，更好地推动水利水电工程全生命期 BIM 技术研究及应用，2016 年由行业三十余家单位共同发起成立了水利水电 BIM 联盟（以下简称"联盟"），本人十分荣幸当选为联盟主席。联盟自成立以来取得了诸多成果，有力推动了行业 BIM 技术的应用，得到了政府、业主、设计单位、施工单位等的认可和支持。联盟积极建言献策，促进了水利水电行业 BIM 应用政策的出台。2019 年全国水利工作会议特别指出要"积极推进 BIM 技术在水利工程全生命期运用"。2019 年和 2020 年水利网信工作要点均对推进 BIM 技术应用提出了具体要求：制定水利行业 BIM 应用指导意见和水利工程 BIM 标准，推进 BIM 技术与水利业务深度融合，创新重大水利工程规划设计、建设管理和运行维护全过程信息化应用，开展 BIM 应用试点。南水北调工程在设计和建设中应用了 BIM 技术，提高了工程质量。当前，水利行业以积极发展 BIM 技术为抓手，突出科技引领，设计单位纷纷成立工程数字中心，施工单位也开始推进施工 BIM 应用。水利工程 BIM 应用已经由设计单位推动逐渐转变为业主单位自发推动。作为水利水电 BIM 联盟共同发起单位、执委单位和标准组组长单位的中国电建集团昆明勘测设计研究院有限公司（以下简称"昆明院"），是国内最早一批开展 BIM 技术研究及应用的水利水电企业。在领导层的正确指引下，昆明院在培育出大量水利水电 BIM 技术人才的同时，也形成了具有自主知识产权的以HydroBIM 为核心的系列成果，研发了全生命周期的数字化管理平台，并成功运用到各大工程项目之中，真正实现了技术服务于工程。

　　《水利水电工程信息化 BIM 丛书》总结了昆明院多年在水利水电领域探索 BIM 的经验与成果，全面详细地介绍了 HydroBIM 理论基础、技术方法、标准体系、综合平台及实践应用。该丛书入选国家出版基金项目和"十三五"国家重点图书出版规划项目，是水利水电行业第一套BIM 技术应用丛书，代表了行业 BIM 技术研究及应用的最高水平，可为行业推广应用 BIM 技术提供理论指导、技术借鉴和实践经验。

**水利部水利水电规划设计总院正高级工程师**
**水利水电 BIM 联盟主席**

2020 年 7 月

# 序 四

我国目前正在进行着世界上最大规模的基础设施建设。建设工程项目作为其基本组成单元，涉及众多专业领域，具有投资大、工期长、建设过程复杂的特点。20世纪80年代中期以来，计算机辅助设计（CAD）技术出现在建设工程领域并逐步得到广泛应用，极大地提高了设计工作效率和绘图精度，为建设行业的发展起到了巨大作用，并带来了可观的效益。社会经济在飞速发展，当今的工程项目综合性越来越强，功能越来越复杂，建设行业需要更加高效高质地完成建设任务以保持行业竞争力。正当此时，建筑信息模型（BIM）作为一种新理念、新技术被提出并进入白热化的发展阶段，正在成为提高建设领域生产效率的重要手段。

BIM的出现，可以说是信息技术在建设行业中应用的必然结果。起初，BIM被应用于建筑工程设计中，体现为在三维模型上附着材料、构造、工艺等信息，进行直观展示及统计分析。在其发展过程中，人们意识到BIM所带来的不仅是技术手段的提高，而且是一次信息时代的产业革命。BIM模型可以成为包含工程所有信息的综合数据库，更好地实现规划、设计、施工、运维等工程全生命期内的信息共享与交流，从而使工程建设各阶段、各专业的信息孤岛不复存在，以往分散的作业任务也可被其整合成为统一流程。迄今为止，BIM已被应用于结构设计、成本预算、虚拟建造、项目管理、设备管理、物业管理等诸多专业领域中。国内一些大中型建筑工程企业已制定符合自身发展要求的BIM实施规划，积极开发面向工程全生命期的BIM集成应用系统。BIM的发展和应用，不仅提高了工程质量、缩短了工期、提升了投资效益，而且促进了产业结构的优化调整，是建筑工程领域信息化发展的必然趋势。

水利水电工程多具有规模大、布置复杂、投资大、开发建设周期长、参与方众多及对社会、生态环境影响大等特点，需要全面控制安全、质量、进度、投资及生态环境。在日益激烈的市场竞争和全球化市场背景下，建立科学高效的管理体系有助于对水利水电工程进行系统、全面、现代化的决策与管理，也是提高工程开发建设效率、降低成本、提高安全性和耐久性的关键所在。水利水电工程的开发建设规律和各主体方需求与建筑工程极其相似，如果 BIM 在其中能够得以应用，必然将使建设效率得到极大提高。目前，国内部分水利水电勘测设计单位、施工单位在 BIM 应用方面已进行了有益的探索，开展了诸如多专业三维协同设计、自动出图、设计性能分析、5D 施工模拟、施工现场管理等应用，取得了较传统技术不可比拟的优势，值得借鉴和推广。

中国电建集团昆明勘测设计研究院有限公司（以下简称"昆明院"）自 2005 年接触 BIM，便开始着手引入 BIM 理念，已在百余工程项目中应用 BIM，得到了业主和业界的普遍好评。与此同时，昆明院结合在 BIM 应用方面的实践和经验，将 BIM 与互联网、物联网、云计算技术、3S 等技术相融合，结合水利水电行业自身的特点，打造了具有自主知识产权的集成创新技术 HydroBIM，并完成 HydroBIM 标准体系建设和一体化综合平台研发。《水利水电工程信息化 BIM 丛书》的编写团队是昆明院 BIM 应用的倡导者和实践者，丛书对 HydroBIM 进行了全面而详细的阐述。本丛书是以数字化、信息化技术给出了工程项目规划设计、工程建设、运行管理一体化完整解决方案的著作，对大土木工程亦有很好的借鉴价值。本丛书入选国家出版基金项目和"十三五"国家重点图书出版规划项目，体现了行业对其价值的肯定和认可。

现阶段 BIM 本身还不够完善，BIM 的发展还在继续，需要通过实践不断改进。水利水电行业是一个复杂的行业，整体而言，BIM 在水利水电工程方面的应用目前尚属于起步阶段。我相信，本丛书的出版对水利水电行业实施基于 BIM 的数字化、信息化战略将起到有力的推动作用，同时将推进与 BIM 有机结合的新型生产组织方式在水利水电企业中的成功运用，并将促进水利水电产业的健康和可持续发展。

清华大学教授，BIM 专家

2020 年 7 月

水利水电工程是重要的国民基础建设，现代水利工程除了具备灌溉、发电功能之外，还实现了防洪、城市供水、调水、渔业、旅游、航运、生态与环境等综合应用。水利行业发展的速度与质量，宏观上影响着国民经济与能源结构，微观上与人民生活质量息息相关。

改革开放以来，水利水电事业发展如火如荼，涌现了许许多多能源支柱性质的优秀水利水电枢纽工程，如糯扎渡、小湾、三峡等工程，成绩斐然。然而随着下游流域开发趋于饱和，后续的水电开发等水利工程将逐渐向西部上游区域推进。上游流域一般地理位置偏远，自然条件恶劣，地质条件复杂，基础设施相对落后，对外交通条件困难，工程勘察、施工难度大，这些原因都使得我国水利水电发展要进行技术革新以突破这些难题和阻碍。解决这个问题需要国家、行业、企业各方面一起努力。水利部已经发出号召，在水利领域内大力发展 BIM 技术，行业内各机构和企业纷纷响应。利用 BIM 技术可以整合产业链资源，实现全产业链的协同工作，促进行业信息化发展，已经在建筑行业产生了重大影响。对于同属工程建设领域的水利水电行业，BIM 技术发展起步相对较晚、发展缓慢，如何利用 BIM 技术将水利水电工程的设计建设水平推向又一个全新阶段，使水利水电工程的设计建设能够更加先进、更符合时代发展的要求，是水利人一直以来所要研究的课题。

中国电建集团昆明勘测设计研究院有限公司（以下简称"昆明院"）于 1957 年正式成立，至今已有 60 多年的发展历史，是世界 500 强中国电力建设集团有限公司的成员企业。昆明院自 2005 年开始三维设计及 BIM 技术的应用探索，在秉承"解放思想、坚定不移、不惜代价、全面推进"的指导方针和"面向工程、全员参与"的设计理念下，开展 BIM

正向设计及信息技术与工程建设深度融合研究及实践，在此基础上凝练提出了 HydroBIM，作为水利水电工程规划设计、工程建设、运行管理一体化、信息化的最佳解决方案。HydroBIM 即水利水电工程建筑信息模型，是学习借鉴建筑业 BIM 和制造业 PLM 理念和技术，引入"工业4.0"和"互联网＋"概念和技术，发展起来的一种多维（3D、4D－进度/寿命、5D－投资、6D－质量、7D－安全、8D－环境、9D－成本/效益……）信息模型大数据、全流程、智能化管理技术，是以信息驱动为核心的现代工程建设管理的发展方向，是实现工程建设精细化管理的重要手段。2015 年，昆明院 HydroBIM® 商标正式获得由原国家工商行政管理总局商标局颁发的商标注册证书。HydroBIM 与公司主业关系最贴切，具有高技术特征，易于全球流行和识别。

经过十多年的研发与工程应用，昆明院已经建立了完整的 Hydro-BIM 理论基础和技术体系，编制了 HydroBIM 技术标准体系及系列技术规程，研发形成了"综合平台＋子平台＋专业系统"的 HydroBIM 集群平台，实现了规划设计、工程建设、运行管理三大阶段的工程全生命周期 BIM 应用，并成功应用于能源、水利、水务、城建、市政、交通、环保、移民等多个业务领域，极大地支撑了传统业务和多元化业务的技术创新与市场开拓，成为企业转型升级的利器。HydroBIM 应用成果多次荣获国际、国内顶级 BIM 应用大赛的重要奖项，昆明院被全球最大 BIM 软件商 Autodesk Inc. 誉为基础设施行业 BIM 技术研发与应用的标杆企业。

昆明院 HydroBIM 团队完成了《水利水电工程信息化 BIM 丛书》的策划和编写。在十多年的 BIM 研究及实践中，工程师们秉承"正向设计"理念，坚持信息技术与工程建设深度融合之路，在信息化基础之上整合增值服务，为客户提供多维度数据服务、创造更大价值，他们自身也得到了极大的提升，丛书就是他们十多年运用 BIM 等先进信息技术正向设计的精华大成，是十多年来三维设计及 BIM 技术研究与应用创新的系统总结，既可为水利水电行业管理人员和技术人员提供借鉴，也可作为高等院校相关专业师生的参考用书。

丛书包括《HydroBIM－数字化设计应用》《HydroBIM－3S 技术集成应用》《HydroBIM－三维地质系统研发及应用》《HydroBIM－BIM/CAE 集成设计技术》《HydroBIM－乏信息综合勘察设计》《HydroBIM－

厂房数字化设计》《HydroBIM-升船机数字化设计》《HydroBIM-闸门数字化设计》《HydroBIM-EPC总承包项目管理》等。2018年，丛书入选"十三五"国家重点图书出版规划项目。2021年，丛书入选2021年度国家出版基金项目。丛书有着开放的专业体系，随着信息化技术的不断发展和BIM应用的不断深化，丛书将根据BIM技术在水利水电工程领域的应用发展持续扩充。

丛书的出版得到了中国水电工程顾问集团公司科技项目"高土石坝工程全生命周期管理系统开发研究"（GW-KJ-2012-29-01）及中国电力建设集团有限公司科技项目"水利水电项目机电工程EPC管理智能平台"（DJ-ZDXM-2014-23）和"水电工程规划设计、工程建设、运行管理一体化平台研究"（DJ-ZDXM-2015-25）的资助，在此表示感谢。同时，感谢国家出版基金规划管理办公室对本丛书出版的资助；感谢马洪琪院士为丛书题词，感谢钟登华院士、陈祖煜院士、刘志明副院长、马智亮教授为本丛书作序；感谢丛书编写团队所有成员的辛勤劳动；感谢欧特克软件（中国）有限公司大中华区技术总监李和良先生和中国区工程建设行业技术总监罗海涛先生等专家对丛书编写的支持和帮助；感谢中国水利水电出版社为丛书出版所做的大量卓有成效的工作。

信息技术与工程深度融合是水利水电工程建设发展的重要方向。BIM技术作为工程建设信息化的核心，是一项不断发展的新技术，限于理解深度和工程实践，丛书中难免有疏漏之处，敬请各位读者批评指正。

丛书编委会

2021年2月

前言

　　建筑信息模型（Building Information Modeling，BIM）最初由建筑行业提出，后逐渐拓展到整个工程建设领域。BIM 以三维数字技术为基础，集成了工程项目各种相关信息，最终形成工程数据模型，是对工程项目设施实体与功能特性的数字化表达。BIM 具有单一工程数据源的特点，可解决分布式、异构工程数据之间的一致性和全局共享问题，支持建设项目全生命周期中动态的工程信息创建、管理和共享；同时 BIM 又是一种应用于设计、建造、管理的数字化方法，这种方法支持工程项目集成管理环境，可以使工程项目在其整个进程中提高效率并减少风险。

　　目前国际上多个国家已在建筑行业提出了 BIM 应用要求，并建立了相关的 BIM 企业级和行业级应用标准。我国建筑行业 BIM 应用相对成熟，已在全力推广 BIM 技术应用，但水利水电行业 BIM 技术应用还处于起步阶段，为此水利部聚焦水利信息化补短板，要求落实信息技术应用和推广任务，充分运用 BIM 等技术，推动信息技术与水利业务的深度融合。在此背景下，中国电建集团昆明勘测设计研究院有限公司联合天津大学等单位开展了大量的 BIM 技术研究与应用工作，取得了一些成果，本书即为成果之一。

　　全书共 8 章。第 1 章介绍水利信息化行业背景，BIM 技术在水利行业的应用及发展现状。第 2 章介绍 HydroBIM 发展历程和体系架构。第 3 章介绍 HydroBIM 标准体系，在 HydroBIM 标准框架的基础上，重点介绍了模型分类及编码标准、创建标准、交付标准和应用标准。第 4 章介绍了 HydroBIM 技术体系的八项突出的技术：3S 集成应用技术、三维地质建模技术、多信息勘察设计技术、可视化技术、参数化设计技术、BIM/CAE 集成技术、协同设计技术和 EPC 总承包管理技术。第 5 章、

第 6 章、第 7 章分别以糯扎渡水电站、观音岩水电站、黄登水电站三个工程项目为例，阐述了 HydroBIM 技术体系在实际工程设计阶段的应用情况与应用成果。第 8 章总结和概括了本书的主要内容，对 HydroBIM 技术体系中存在的不足进行了思考，并提出了未来的发展方向。

本书在编写过程中得到了中国电建集团昆明勘测设计研究院有限公司各级领导和同事的大力支持和帮助，得到了天津大学建筑工程学院水利水电工程系的鼎力支持。中国水利水电出版社也为本书的出版付出诸多辛劳。在此一并表示衷心感谢！

限于作者水平，谬误和不足之处在所难免，恳请批评指正。

**作者**

2022 年 12 月

目 录

# 第 1 章

# 绪　论

## 1.1　水利水电信息化发展背景

### 1.1.1　水利水电信息化的背景和意义

在数字全球化的浪潮下，数字经济成为全球经济的重要内容。数字经济增长非常迅速，并推动了产业界和全社会的数字转型，数字经济将会是全球经济发展的主线。与此同时，党的"十九大"报告提出建设数字中国。习近平总书记高度重视数字中国建设，他在给首届数字中国建设峰会的贺信中强调："加快数字中国建设，就是要适应我国发展新的历史方位，全面贯彻新发展理念，以信息化培育新动能，用新动能推动新发展，以新发展创造新辉煌。"如何布局战略性前沿性技术，瞄准可能引发信息化领域范式变革的重要方向，前瞻布局战略性、前沿性、原创性、颠覆性技术，实现在关键前沿领域的战略研究布局和技术融通创新，推动技术和产业变革朝着信息化、数字化、智能化方向加速演进，是我国各行各业未来很长一段时间的重要发展方向。

20 世纪 90 年代初期以来，信息技术以高度整合和共享资源的特点被广泛应用于制造业，大大提高了生产效率。中共中央、国务院办公厅印发的《2006—2020 年国家信息化发展战略》中指出，信息化是当今世界经济发展和社会大发展的大势所趋，信息化与经济全球化相互交织，影响着全球工业化分工和经济布局的调整。信息化的发展已经成为经济发展的主要动力，同时它也是推进我国产业优化升级的核心力量。2021 年 12 月，中央网络安全和信息化委员会印发的《"十四五"国家信息化规划》规划提出，应加快企业数字能力标准体系研制推广，围绕企业数字能力建设，构建数字化转型方法论和数字化转型标准体系，形成一批实用型配套方法集、工具箱和案例集。制定重点行业领域数字化转型路线图，分行业、分能力、分阶段推进数字化转型标准体系贯标，组织开展数字化转型诊断对标。

在信息化和数字化的大背景下，国家信息化战略和治水方略的重大布局、水安全保障的迫切需求、信息技术的快速发展，都对我国水利水电行业的建设提出了新的更高要求。为了更好地发挥水利水电工程的作用，新时期的水利水电信息化和数字化建设显得尤为重要。2016年12月26日，水利部印发《关于进一步加强水利信息化建设与管理的指导意见》的通知，明确提出要紧紧围绕"十三五"水利改革发展目标，以创新为动力，以需求为导向，以整合为手段，以应用为核心，以安全为保障，水利水电工程融合现代信息技术，坚持公共服务与业务应用协同发展，以水利信息化带动水利现代化，从而加强水利信息化的建设与管理。以水利工作为中心，在全国范围建成协同智能的水利业务应用体系、有序共享的水利信息资源体系、集约完善的信息化基础设施体系、安全可控的水利网络安全体系及优化健全的水利信息化保障体系，实现互联互通、信息共享、应用协同和安全保障，全面提高水利信息化水平。2017年4月14日，水利部办公厅出台关于印发《2017年水利信息化工作要点》的通知，深化信息技术与水利业务的融合，围绕水利中心工作，落实《水利信息化发展"十三五"规划》，持续强化网络安全，继续推进资源整合共享，加快重点工程建设，积极推进"数字水利"向"智慧水利"转变。2018年3月11日，水利部印发了《2018年水利建设与管理工作要点》，指出全面推行河长制湖长制，建立完善全国河长制湖长制信息管理系统，指导督促各地加强河长制湖长制信息化建设。2019年全国水利工作会议指出，在水利信息化建设上，要抓好智慧水利顶层设计，加快信息化基础设施升级改造。2021年3月22日，水利部在《人民日报》发表署名文章，文中提到要坚持科技引领和数字赋能，提高水资源智慧管理水平。充分运用数字映射、数字孪生、仿真模拟等信息技术，建立覆盖全域的水资源管理与调配系统，推进水资源管理数字化、智能化、精细化。由此可见，国家十分重视水利水电信息化建设工作，水利水电数字化智能化现代化建设已成为新时代水利改革发展的"刚需"。

国外水利水电信息化研究起源于20世纪初，到20世纪中期得到了迅猛发展，研发了针对水利建设的基础模型，并在70—80年代广泛应用于水利建设中。我国水利水电信息化起步较晚，最早的水利水电信息化雏形可以追溯到20世纪70年代初期，随着多个五年计划的推进，我国水利信息化进程得到了跨跃式飞跃，取得了诸多突破性成果。20世纪70年代，我国的水利水电信息化主要集中在利用计算机技术对水情数据进行简单的统计汇总操作，水利水电信息化涉及范围单一、效率不高。80年代，我国水利水电信息化业务主要集中在对各种水利数据的处理中。与70年代相比，数据处理技术、执行效率有了一定程度的提高，但整体联动机制尚未响应。90年代，我国水利水电信息化取得了质的飞跃。"九五"期间重大项目"金水工程"的实施，推动了我国水利基础数据从源头到终端用户信息链的建立。21世纪以来，物联网、大数据、云计算等先进技术逐渐在水利行业渗透，推动了我国防汛抗旱指挥系统一、二期的建设和覆盖国家、省、市、县的四级骨干网络的建立。智能模型在洪水预报、跨流域调水等重大水利工程中实现了业务化运行。黄河水利科学研究院为落实智慧防汛平台建设，自主研发了数字孪生场景和数学模型系统，以获得不同计算方案的数字流场，在基于水力学的涉水图像人工智能识别、水利业务语音分类、智能决策等方面取得了较大进展，为实现流域洪水"四预"协同提供了基础。随着信息化技术与产业的迅猛发展和智慧水利、数字流域建设的不断推进，将加快推动我国水利水电信息化建设向健康、可持续化、现代化方向发展。

## 1.1.2 水利水电工程数字化发展

随着新一轮科技革命和产业变革的深入发展，全球数字化转型势不可挡。2016年1月27日，国务院召开常务会议，决定推动《中国制造2025》与"互联网＋"融合发展，提出以推进数字化、网络化、智能化制造为抓手，加快构筑自动控制与感知技术、工业云与智能服务平台、工业互联网等制造业新基础，培育制造业新模式、新业态、新产品。十九届五中全会强调要加快数字化发展，推动传统产业高端化、智能化、绿色化，推动数字经济和实体经济深度融合。在《中华人民共和国国民经济和社会发展第十四个五年规划和2035年远景目标纲要》中，更是专门编制了"加快数字化发展　建设数字中国"专篇，强调打造数字经济新优势、加强关键数字技术创新应用、加快推进数字产业化、推进产业数字化转型、建设智慧城市、营造良好数字生态等。数字应用场景和数字生态，给水利水电工程数字化建设提出了更高的要求。

在制造业精益制造、智能制造、数字化工厂和建筑领域日趋成熟的BIM多维度应用引领下，水利水电行业也提出更加精细化的各种需求，水利水电工程数字化建设逐步发展为以BIM为核心的数字化技术。国内水电工程中的所有大型项目均或多或少应用了BIM，在设计阶段全面推广，施工阶段逐步应用。业主开始认识到工程数据的重要性，BIM作为工程数据的载体得到重视。有些业主单位十分重视BIM在工程建设中的应用，并在招标文件中要求采用BIM技术进行设计、施工和管理。例如中国长江三峡集团有限公司、国电大渡河流域水电开发有限公司、雅砻江流域水电开发有限公司等水电工程业主要求进行数字交付；抽水蓄能项目要求必须进行BIM数字化移交。在设计方面，部分设计院已经具备应用BIM的能力，在复杂项目中开始应用三维设计，主要将 BIM 应用在科研、初步设计和技施设计阶段。在施工方面，开始探索采用 BIM 技术开展施工方案和进度优化、精确算量和仿真模拟等，在智慧水利和数字大坝等重要研究方向开展研究并取得一系列的成果。

智慧水利是水利水电行业在智慧水利顶层规划组织下，系统性地梳理了以算据、算法、算力建设为基础的数字孪生模式，提出构建具有预报、预警、预演、预案功能的智慧水利体系，逐步开展建设数字孪生水利工程和数字孪生流域。数字孪生水利工程是以物理水利工程为单元、时空数据为底座、数学模型为核心、水利知识为驱动，对物理水利工程全要素和建设运行全过程进行数字映射、智能模拟、前瞻预演，与物理水利工程同步仿真运行、虚实交互、迭代优化，实现对物理水利工程的实时监控、发现问题、优化调度的新型基础设施。

智慧水利是全局性大方案，是水利信息化发展从数字化到网络化再到智能化的更高阶段，推进智慧水利建设是推动新阶段水利高质量发展的六条路径之一。数字孪生流域是智慧水利建设的核心和关键，以数字孪生流域建设带动智慧水利建设；数字孪生水利工程是数字孪生流域的重要组成部分，也是数字孪生流域建设的突破点。图 1.1-1 为水利水电工程数字孪生平台框架。

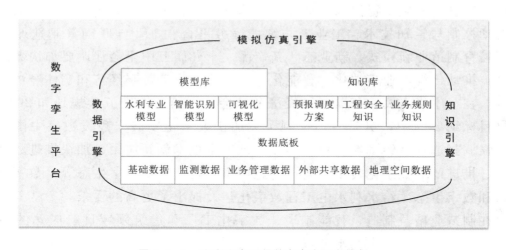

图 1.1-1　水利水电工程数字孪生平台框架

根据水利部推进智慧水利建设的部署，国内数字孪生水利水电工程的试点建设正在逐步开展。按照急用先建原则，突出重点开展先行先试，选择小浪底水利枢纽、丹江口水利枢纽、岳城水库、尼尔基水利枢纽、南水北调工程、三峡水利枢纽、江垭皂市水库、万家寨水利枢纽、南四湖二级坝工程、大藤峡水利枢纽、太浦闸泵站等重点水利工程开展数字孪生工程建设，充分表明水利行业对数字孪生技术的重视与迫切需要。

在技术文件与实施方案编制方面，水利部小浪底水利枢纽管理中心结合小浪底工程实际特点，编制出水利行业第一份数字孪生技术文件《数字孪生小浪底技术文件》；2022 年 2 月 25 日，水利部南水北调司会同中国南水北调集团有限公司开展数字孪生南水北调建设月度协调会，研究制定"数字孪生南水北调"建设相关技术标准，并对"数字孪生南水北调"建设方案编制格式提出统一要求；三峡工程管理司审议通过《数字孪生三峡工程建设方案编制工作大纲》，中国长江三峡集团有限公司正在按照大纲要求有序推进数字孪生三峡工程建设方案编制工作。

在完善水利信息基础设施方面，数字孪生大藤峡通过补充配备国产化服务器和其他软硬件基础设施，搭建计算资源池、储存资源池、网络资源池等本地数据中心和异地备灾中心；数字孪生南四湖二级坝一期工程正在补充入湖河流的流量监测设施及闸门工况安全监测设施，并增设巡查警示设施，开展水利感知网改造；数字孪生万家寨逐步开展太原数字孪生运管中心与万家寨数字孪生运管中心的建设，为数字孪生万家寨提供物理支撑和核心载体。

数字大坝是水利水电行业实践完成数字化设计的大坝工程项目，其中典型的大中型水利水电工程有：金沙江乌东德、白鹤滩、溪洛渡、龙开口等水电站，雅砻江锦屏一级、两河口等水电站，澜沧江黄登水电站，大渡河双江口水电站，乌江沙沱水电站及山东文登、河北丰宁、河南天池等抽水蓄能电站和南水北调中线、前坪、黄藏寺、引汉济渭等水利水电工程。这些工程利用数字化设计模型，完成了方案比选、管线综合与优化、结构设计与配筋、施工总布置等全过程设计工作，直接输出了满足阶段要求的模型、二三维图纸、工程量清单、场景动画等产品。在设计过程中，基于 BIM 技术综合应用信息化手段带来的成效明显，BIM＋虚拟现实增强了设计环境的体验感；BIM＋GIS 实现了设计产品与地理信息空间的深度融合；BIM＋移动应用拓展了设计产品的应用时效和应用场景；BIM＋数据库技术集成设计信息数据，形成了信息可追溯、可查询、操作便捷的数字化设计产品交付平台。此外，移交的设计信息模型还可以进一步向施工、运行管理阶段传递，创造更多的应用价值。

水利水电工程数字化技术借助互联网、数字化、信息化技术，将属于传统领域水利水电工程长期以来沿袭着固有的工程设计、施工与管理方法进行数字化发展，从初期的二维制图、三维制图发展到三维设计，从独立的点线面元素绘制到几何模型创建再到工程 BIM，从个体串行工作到协同并行作业再到平台体系化数字工程设计，逐渐向着智能建造与运行管理推进，并从单一模型应用跨入了服务化、网络化的系统集成应用。

BIM 与信息技术结合可以将工程实体演变为一个具有多维度、结构化数据库的工程数字模型，数据对象粒度可以精细到构件级。在项目的不同阶段，不同利益相关方通过在 BIM 中录入、修改和共享信息，不断丰富完善，使得 BIM 成为承载项目工程数据、业务数据的集合体。通过进一步对这些数据资源进行归类分析与挖掘，将原始业务数据转换为知识，可为项目全生命周期各阶段提供业务决策支持和智慧管理服务。整个数字化建设过程体现了工程数据的收集、展现、分析、挖掘和再利用，激活了数据在工程全生命周期的不断生长与健康发展。

工程数字化设计的实践方主要是行业设计企业，从 21 世纪初期开始至今已有了一定的发展。水利水电工程 BIM 设计主流软件主要集中在达索（Dassault）、欧特克（Autodesk）和奔特力（Bentley）三个平台体系。数字化设计初期主要针对特定项目需要，探索各平台三维制图和可视化模型创建方法，实现局部的数字化应用，解决项目生产的特殊问题；后来逐渐发展到利用参数化模板快速创建模型，并附加构件信息，形成各专业协同的项目级系统性应用，输出以图纸为主、项目所需要的各类数字化产品。

随着应用项目数量不断增多、经验知识不断积累，设计企业开始创建基于 BIM 主流软件并融入水利水电工程设计经验和特点的特色设计平台，逐步从个性化、离散化走向标准化、集成化。应用企业特色平台开展数字化设计能够更好地适应水利水电工程从可行性研究到施工图各阶段的应用，并按阶段目标组织生产链条，开展基于 BIM 的专业间沟通与项目级协同设计。平台还集成有丰富的知识经验和标准构件库，大幅提高了参数化设计程度，同时依托建立的标准技术体系确保了设计产品质量与品质的提升。重新定义的数字设计业务流程规范了设计行为，提高了生产效率并形成了一定的规模化生产能力。

行业数字化设计的不断发展，已经形成了基于平台系统化的全专业协同设计、信息集成应用、数字化设计产品移交的局面，并向着设计全过程数据云平台管理方向不断迈进。应用范围也从早期的几家大型设计企业小规模的研究拓展应用，到当前的百余家省级、地市级设计院共同加入的规模性应用，极大地提升了设计产品质量，也为施工建设期和运行期的应用奠定了基础。

总体来讲，数字化设计以 BIM 为主线，综合应用 BIM、GIS、专业计算分析、前处理、后处理、渲染、引擎平台等多种类型软件，并充分利用 VB、JS、C♯、HTML5 等开发语言，融入数据库、VR、移动互联、云计算、激光扫描等技术，形成了丰富的数字设计成果。以 5G、特高压、城际高速铁路和城际轨道交通、大数据中心、人工智能、工业互联网等为代表的新型基础设施建设，将给水利水电行业带来新的契机。在众多信息化技术中，BIM 是实现工程数字化的核心，未来还会不断融入数字映射、数字孪生等新元素，开创更高层次的数字化设计应用，是实现水利水电工程信息化的关键。

## 1.2 BIM 技术国内外研究应用现状

### 1.2.1 国外研究应用现状

#### 1. 北美地区

美国：BIM 应用始于美国，美国大量房屋建筑项目已经开始应用 BIM，并组建了各种 BIM 协会，出台了各种 BIM 标准。美国联邦总务署（General Services Administration，GSA）从 2008 年起要求所有使用或部分使用美国政府拨款总投资超过 3500 万美元的主要项目，均要执行 GSA 制定的系列 BIM 指南。美国 BIM 应用与研究处在世界前列。根据 McGraw Hil 的调研，2007 年美国工程建设行业采用 BIM 的比例为 28%，至 2009 年增长为 49%，到 2012 年已经达到了 71%。74% 的建筑承包商已经在应用 BIM 技术，超过了建筑师（70%）及机电工程师（67%）。2016—2020 年，有超过 3/4 的人赞同 BIM 技术的全面应用。BIM 技术为项目各参与方带来巨大效益，BIM 的价值在不断被认可。

#### 2. 欧洲地区

英国：英国是应用 BIM 相关软件较为特殊的国家，与大多数国家不同，它是首个被政府强制要求使用 BIM 技术的国家，BIM 相关标准和政策由政府出台。2009 年，建筑业标准委员会发布了 BIM 标准。2011 年，发布了适用于 Revit 和 Bentley 的 BIM 相关标准，为后期 BIM 在英国的发展奠定了基础。2016 年，政府要求全面实现协同 3D - BIM，并将全部的文件以信息化管理。2019 年 10 月，英国 BIM 技术联盟、英国数字建设中心（Centre for Digital Built Britian，CDBB）和英国标准协会（British Standard Institution，BSI）启动的英国 BIM 技术框架集成 BIM 技术最新标准及指南、构件资源库等信息，直接供项目各阶段使用。根据英国国家建筑规范组（National Building Specification，NBS）2020 年的《国家 BIM 报告》调查结果，一半以上的人已经把 BIM 与标准结合，遵循 BS 1192 系列标准的人占 37%，遵循 ISO 19650 系列标准的人占 26%，已经初步建立了良好的 BIM 生态。

北欧：北欧的挪威、丹麦、瑞典和芬兰，是一些主要的建筑信息技术的软件厂商所在地，如 Tekla 和 Solibri，而且对发源于邻近国家匈牙利的 ArchiCAD 的应用率也很高。因此，这些国家是全球较早采用基于 BIM 模型进行设计的国家，也在推动建筑信息技术的互用性和开放标准。北欧国家冬天漫长多雪，这使得建筑的预制化非常重要。这也促进了包含丰富数据、基于模型的 BIM 技术的发展，使这些国家及早地进行了 BIM 的部署。

### 3. 亚洲地区

日本：2009 年被认为是日本的 BIM 元年。大量的日本设计公司、施工企业开始应用 BIM，而日本国土交通省也在 2010 年 3 月选择一项政府建设项目作为试点，探索 BIM 在设计可视化、信息整合方面的价值及实施流程。2010 年秋，日经 BP 社调研了 517 位设计院、施工企业及相关建筑行业从业人士，了解他们对于 BIM 的认知度与应用情况。其结果显示，BIM 的知晓度从 2007 年的 30.2% 提升至 2010 年的 76.4%。截至 2020 年，日本 33% 的施工企业已经应用了 BIM，在这些企业当中近 90% 是在 2009 年之前开始实施的。日本软件业较为发达，在建筑信息技术方面也拥有较多的国产软件，日本 BIM 相关软件厂商认识到，BIM 需要多个软件来互相配合，而数据集成是基本前提，因此多家日本 BIM 软件商在 IAI 日本分会的支持下，以福井计算机株式会社为主导，成立了日本国产解决方案软件联盟。此外，日本建筑学会发布的日本 BIM 指南从 BIM 团队建设、BIM 数据处理、BIM 设计流程、应用 BIM 进行预算和模拟等方面为日本的设计院和施工企业应用 BIM 提供了指导。

韩国：韩国在运用 BIM 技术上十分领先。多个政府部门都致力于制定 BIM 的标准，例如韩国虚拟建造研究院、韩国调达厅、韩国公共采购服务中心和韩国国土交通海洋部。韩国主要的建筑公司已经都在积极采用 BIM 技术，如现代建设、三星建设、空间综合建筑事务所、大宇建设、GS 建设、Daelim 建设等公司。其中，Daelim 建设公司将 BIM 技术应用到桥梁的施工管理中，BMIS 公司利用 BIM 软件 Digital Project 对建筑设计阶段以及施工阶段的一体化进行研究和实施等。

新加坡：2011 年，新加坡建设管理署（Building and Construction Authority，BCA）发布了新加坡 BIM 发展路线规划（BCA's Building Information Modelling Roadmap），规划明确推动整个建筑业在 2015 年前广泛使用 BIM 技术。通过经济政策鼓励、组织推广培训会议等手段，新加坡在 2015 年实现了所有建筑项目都必须提交 BIM 模型的目标，提交了项目审批效率及建筑生产质量。2020 年，为推进进一步深化应用，BCA 补充制定了相关策略，并与 buildingSMART 新加坡分会合作，制定了建筑与设计对象库，更新了项目协作指南。

### 4. 澳大利亚

澳大利亚在 2009 年公布了其国家的数字模型指引。2017 年年初，爱尔兰建筑信息技术联盟（Construction IT Alliance - CitA）发表了全球 BIM 应用纵览（Global BIM Study）报告，将澳大利亚国家建设规程协会（NATSPEC）， buildingSMART 澳大利亚分部（bSA）列为澳大利亚推广实施 BIM 的关键引领者。同时在推动本国 BIM 发展过程中，澳大利亚建筑师学会（RAIA）、澳大利亚建筑业论坛（ACIF）、澳大利亚采购与建设理事会（APCC）和澳大利亚 BIM 咨询委员会（ABAB）在标准制定、行业推广、人才培养、项目实践等方面也做出了不懈努力。

### 5. 新西兰

新西兰建筑行业在 BIM 应用方面遥遥领先于该地区其他国家。美国和英国都在 BIM 理论发展、推广利用建模和流程标准的 BIM 应用方面取得了显著的进展，新西兰"汲取并调整"了欧美成果并进行了本土化应用。新西兰商业、创新和就业部（MBIE）雷厉风行，在有了发布 BIM 政策的意向后，迅速出台指导方针，并在全国范围内开展试点；同时主要政府客户要求在重大方案或大型项目中使用 BIM。这些措施并举，进而使得新西兰在纵向和横向同时推进了 BIM 的发展和应用。

## 1.2.2　BIM 国内研究应用现状

BIM 在国内建筑业形成一股热潮，除了前期软件厂商的大力宣传推广外，政府相关单位、各行业协会、设计单位、施工企业、科研院校等也开始重视并推广 BIM 技术。"十一五"国家科技支撑计划重点项目"现代建筑设计与施工关键技术研究"已明确提出将深入研究 BIM 技术，完善协同工作平台以提高工作效率、生产水平与质量。2011 年 5 月，住房和城乡建设部颁布了《2011—2015 年建筑业信息化发展纲要》，明确表示将"加快建筑信息模型（BIM）、基于网络的协同工作等新技术在工程中的应用，推动信息化标准建设，促进具有自主知识产权软件的产业化，形成一批信息技术应用达到国际先进水平的建筑企业"列入总体目标，在政策层面正式推动 BIM 的发展。2011年，清华大学 BIM 课题组联合中国建筑设计单位、施工企业以及 BIM 软件供应商，发布了第一个与国际标准接轨并符合中国国情的开放的中国建筑信息模型标准 CBIMS（Chinese Building Information Modeling Standard）框架。同时在国家重大工程中，BIM 的研究也逐渐深入。

2015 年 6 月，住房和城乡建设部印发了《关于推进建筑信息模型应用的指导意见》，强调了 BIM 在建筑领域应用的重要意义，提出了推进建筑信息模型应用的指导思想与基本原则，同时明确提出"十三五"期间推进 BIM 应用的发展目标。这一时期内，各地也纷纷出台关于推广建筑信息模型的指导意见，如北京、上海、广东、山东、四川等。在住房建设领域的评标标准中，部分地方政府部门明确，采用 BIM 技术可以加分。上海市在 BIM 推广中全面、持续发力，自 2016 年起每年调研编制《上海市建筑信息模型技术应用与发展报告》。根据 2021 年年度报告，2020 年上海市 2026 个报建项目中，满足规模以上的项目 839 个，满足 BIM 技术应用要求条件的项目 775 个，其中应用 BIM 技术的项目 737 个，BIM 技术应用率为 95.1%。

水利水电行业在推动 BIM 应用方面也在不断深入。2017 年 12 月，交通运输部印发《交通运输部办公厅关于推进公路水运工程 BIM 技术应用的指导意见》，要求积极推进建筑信息模型等技术在水利建设项目管理和市场监管全过程的集成应用，不断提高水利信息化建设水平。2019 年 7 月，《水利部关于印发加快推进智慧水利的指导意见和智慧水利总体方案的通知》要求促进技术创新，推进水利行业 BIM 应用；加强水利工程建设全生命周期管理，积极推进 BIM、GIS 等技术的运用。

在 2020 年全国水利工作会议上，水利部强调要聚焦水利信息化补短板，落实信息技术应用和推广任务，充分运用 BIM 等技术，推动信息技术与水利业务的深度融合。

2020 年 7 月，住房城乡建设部、水利部等 13 部委发布《关于推动智能建造与建筑工业化协同发展的指导意见》，要求加快推动新一代信息技术与建筑工业化技术协同发展，在建造全过程加大建筑信息模型、互联网、物联网、大数据、云计算、移动通信、人工智能、区块链等新技术的集成与创新应用，积极应用自主可控的 BIM 技术，加快构建数字设计基础平台和集成系统，实现设计、工艺、制造协同。2021 年 8 月 25 日，水利部召开智慧水利建设专项规划专家审查会，审查通过《"十四五"智慧水利建设实施方案》，明确积极推进 BIM 在水利工程全生命周期管理中的运用，新建骨干项目一律按照智能化要求同步进行规划建设管理。

2016 年 10 月，中国水利水电勘测设计协会成立"水利水电 BIM 设计联盟"，成员包括水利部水利水电规划设计总院等 36 家设计单位。随着 BIM 技术向工程全生命周期的推进，联盟成员从设计向工程各参与方扩大，联盟更名为"水利水电 BIM 联盟"。2017 年 12 月，《水利水电 BIM 标准体系》发布，结合水利水电工程特点将 BIM 标准体系分为 4 项数据标准、62 项应用标准和 4 项管理标准。水利水电 BIM 联盟建立了 BIM 资源共享平台和 BIM 交付平台，一方面运用"互联网＋"的理念，加强共享；另一方面，通过云交付技术，逐步建立自主可控的工程数据管理和应用服务体系，提高工程运行的数据安全。BIM 是水利行业的新机遇。水利水电行业以 BIM 为核心的数字化设计已步入了行业级规范化发展应用阶段。以工程数字化为核心的工程全生命周期管理，为水利水电工程建设提供了新的技术。数字化的水利水电工程基础设施，将为水利水电提质增效和创新发展带来机遇。

预计在"十四五"规划期间，大型水利水电工程建设将普遍应用 BIM 技术。BIM 技术在水利水电行业的快速发展将进一步提升工程的质量与效益，加速推进水利水电工程信息化补短板的进程，实现水利水电工程的数字化、智能化，支撑数字中国的建设与发展。

## 1.3　BIM 技术标准现状

### 1.3.1　国际 BIM 标准

（1）北美 BIM 标准。美国建筑科学研究院（National Institute of Building Sciences）分别于 2007 年、2012 年和 2015 年发布了美国国家 BIM 标准第一版 [*United States National Building Information Modeling Standard*™ （*NBIMS*）*Version 1*]、美国国家 BIM 标准第二版 [*National BIM Standard - United States*（*NBIMS - US*™）*Version 2*] 和美国国家 BIM 标准第三版 [*National BIM Standard－United States*（*NBIMS - US*™）*Version 3*]，旨在制定公开通用的 BIM 标准，为建筑工程整个生命周期的工作提供统一操作指导。其他一些国家，包括欧洲和亚洲部分地区，基本上都采用了美国国家 BIM 标准可用的部分作为其发展本国 BIM 标准的基础。

2011 年，加拿大 BIM 委员会（Canada BIM Council）曾考虑将美国 BIM 标准（*NBIMS*）第二版引入加拿大建筑业。加拿大 BIM 委员会的副主席、技术委员会主席 Allan Partridge 先生说："由 buildingSMART 联盟组织开发的 NBIMS 标准，亦能成为其他国家（包括加拿大）的 BIM 实施标准的基础。" 2014 年，加拿大 BIM 学会发布了 BIM 合同语言文本指南。2015 年，加拿大 BIM 学会和 buildingSMART Canada 开始联合开发加拿大 BIM 实践手册（*Canadian Practice Manual for BIM*），手册共包含三卷，致力于反映 BIM 在国际上的最佳实践及在加拿大的应用。

（2）欧洲 BIM 标准。2006 年丹麦 NAEC 部门推出了 Digital Construction 标准，该标准最初旨在促进工程建设程序改革的 BIM 模板，后结合案例工程修改，正式成为国家标准。

同年，德国的智能建筑联盟（Building Smart GS）也推出了自己的 BIM 检验标准及认证指标（*User Handbook Data Exchange BIM/IFC*）。

2007 年，芬兰的 Senate Properties 部门发布了 BIM Requirements 2007 标准。

挪威于 2007 年发布了信息交付手册（*Information Delivery Manual*），2009 年发布了 BIM 手册 1.1 版本（*BIM Manual 1.1*），并于 2011 年发布了 BIM 手册 1.2 版本（*BIM Manual 1.2*）。

英国于 2009 年发布了"AEC（UK）*BIM Standard*"；2010 年进一步发布了基于 Revit 平台的 BIM 实施标准〔*AEC（UK）BIM Standard for Autodesk Revit*〕；2011 年又发布了基于 Bentley 平台的 BIM 实施标准〔*AEC（UK）BIM Standard for Bentley Building*〕。

（3）澳大利亚 BIM 标准。澳大利亚 CRC Construction Innovation 于 2009 年发布了 *National Guidelines for Digital Modeling*，2012 年又发布了一份国家 BIM 行动方案（*National Building Information Modeling Initiative*）。

（4）亚洲 BIM 标准。日本建筑学会（JIA）于 2012 年 7 月发布了日本 BIM 指南，从 BIM 团队建设、BIM 数据处理、BIM 设计流程、应用 BIM 进行预算、模拟等方面为日本的设计院和施工企业应用 BIM 提供了指导。

新加坡建设局（BCA）于 2012 年 5 月和 2013 年 8 月分别发布了新加坡 BIM 指南 1.0 版（*Singapore BIM Guide Version 1.0*）和 2.0 版（*Singapore BIM Guide Version 2.0*）。新加坡 BIM 指南是一本参考性指南，由 BIM 说明书和 BIM 建模及协作流程一同构成，概括了团队成员在项目不同阶段使用建筑信息模型（BIM）时承担的角色和职责。该指南可作为制定 BIM 执行计划的参考指南。

在韩国，多家政府机构制定了 BIM 应用标准。韩国公共采购服务中心于 2010 年 4 月发布了《设施管理 BIM 应用指南》和 BIM 应用路线图；韩国国土交通海洋部也于 2010 年 1 月发布了《建筑领域 BIM 应用指南》；2010 年 3 月，韩国虚拟建造研究院制定了《BIM 应用设计指南——三维建筑设计指南》；2010 年 12 月，韩国调达厅颁布了《韩国设施产业 BIM 应用基本指南书——建筑 BIM 指南》。

### 1.3.2 国内 BIM 标准

（1）中国建筑信息模型标准框架（CBIMS）。2011 年 12 月，由清华大学 BIM 课题组主编的《中国建筑信息模型标准框架研究》（CBIMS）第一版正式发布。框架主要包括技术标准和实施标准两部分。2012 年又发布了《设计企业 BIM 实施标准指南》。

（2）中国国家 BIM 标准。2012 年 1 月，住房和城乡建设部印发建标〔2012〕5 号文件，将五项 BIM 标准列为国家标准制定项目。五项标准分为三个层次：第一层为最高标准，建筑工程信息模型应用统一标准；第二层为基础数据标准，建筑工程设计信息模型分类和编码标准，建筑工程信息模型存储标准；第三层为执行标准，建筑工程设计信息模型交付标准，制造业工程设计信息模型交付标准。2014 年 12 月 30 日，中国铁路 BIM 联盟在北京召开会议，以联盟名义发布铁路工程实体结构分解指南（EBS）1.0 版和铁路工程信息模型分类与编码标准（IFD）1.0 版。2018 年 1 月 1 日，建筑信息模型领域首份细则性国家标准《建筑信息模型施工应用标准》正式实施，该标准是我国第一部建筑工程施工领域的 BIM 应用标准，填补了我国 BIM 技术应用标准的空白，与行业 BIM 技术政策相呼应。

（3）水利水电 BIM 联盟标准。BIM 标准在水利水电 BIM 联盟的推动下，于 2017 年发布《水利水电 BIM 标准体系》。该标准体系结合水利水电行业 BIM 技术应用现状和发展需求，顶层设计规划了 3 大类 BIM 标准共 70 余项，为行业 BIM 标准建设打下了基础。截至 2021 年，水利水电行业已发布的 BIM 标准具体见表 1.3 - 1。

表 1.3 - 1　　　　　　　　　　水利水电 BIM 标准

| 序号 | 标 准 编 号 | 标 准 名 称 | 实施时间 |
|---|---|---|---|
| 1 | NB/T 35099—2017 | 水电工程三维地质建模技术规程 | 2018 年 3 月 1 日 |
| 2 | T/CWHIDA 0005—2019 | 水利水电工程信息模型设计应用标准 | 2019 年 8 月 20 日 |
| 3 | T/CWHIDA 0006—2019 | 水利水电工程设计信息模型交付标准 | 2020 年 1 月 20 日 |
| 4 | T/CWHIDA 0007—2020 | 水利水电工程信息模型分类和编码标准 | 2020 年 4 月 6 日 |
| 5 | T/CWHIDA 0009—2020 | 水利水电工程信息模型存储标准 | 2020 年 7 月 30 日 |
| 6 | NB/T 10507—2021 | 水电工程信息模型数据描述规范 | 2021 年 7 月 1 日 |
| 7 | NB/T 10508—2021 | 水电工程信息模型设计交付规范 | 2021 年 7 月 1 日 |

## 1.4　水利水电工程 BIM 数字化设计

水利水电工程需要考虑工程规模大、条件复杂、难度大、周期长、风险大的因素。信息技术与工程建设深度融合是水利水电工程应对挑战的重要途径，是水利水电工程建设发展的重要方向，需要全面推进以 BIM 为核心的数字化设计技术，实现更高效的工作流与更高质量的项目成果。

### 1.4.1　水利水电工程 BIM 设计施工一体化

虽然信息化、数字化已经在水利水电行业中蓬勃发展，拥有了较为深厚的基础，不过由于工程建设各阶段对信息模型用途和细节要求不同，各阶段实施主体间数字化、信息化技术水平存在一定的差异。现阶段业内主要采用分布式信息模型，如设计信息模型、施工仿真模型、进度信息模型、费用控制模型及质量监控模型等。这些模型往往由相关设计企业、施工企业、科研院所或者建管公司根据各自生产需要单独建立，信息的载体仍然以二维图纸和报告为主，协同性差、信息孤岛、效率低等问题未能得到解决。

工程建设和信息处理是两个不可分割的过程，推行设计施工一体化，实现的是工程建设过程的集成；BIM 技术促进的是项目信息处理过程的集成。基于 BIM 的设计施工一体化建设，通过信息处理过程的集成实现生产过程的有效改进和重组，为不同参建方提供协作平台，实现信息共享，能很好地为目前设计施工一体化的困境提供出路。BIM 作为一种全新的建筑信息化工具，在建筑行业得到了飞速的发展，许多研究成果得到了实践的检验。一些水利水电企业逐渐认识到 BIM 在链接设计与施工信息方面的优势，将其视为破解水利水电工程设计施工一体化困境的出路，纷纷开展 BIM 与水利水电领域的融合研究。

### 1.4.1.1 BIM 促进设计、施工分离向设计、施工一体化发展

目前我国水利水电行业主要采用以 DBB 为主的设计、施工分离模式进行工程项目管理。设计过程一般是在方案设计、初步设计获得批准后，实施施工图设计。施工图设计不分阶段，由设计院一竿子到底，完成全部图纸（包括方案设计、初步设计和施工图设计）的设计。这种模式下，与施工最紧密相连的施工图都是由设计单位来完成。由于设计和施工的长期完全分离，导致出现了设计人员对施工具体细节了解得不是很清晰，施工人员又不甚了解设计规范和流程。

引入 BIM 理念，在设计阶段进行设计方案的优化和选择、建筑结构的数值仿真；在施工阶段，以设计完成的图纸和 BIM 模型为基础，建立施工技术 BIM 三维模型，并复核检查，进行模拟分析优化，成本预算部门进行三维算量、成本预算；工程部门利用 BIM 的模拟、可视化进行质量安全控制、机电设备等的碰撞检查。图 1.4-1 为设计、施工分离模式下 BIM 应用技术路线图。

虽然 BIM 在信息方面具有优势，不过将 BIM 应用到传统模式下，只能改善项目信息的连续性，一定程度上增强设计与施工单位间的信息交互，并不能从根本上解决设计施工阶段的信息流失，只有选择适合 BIM 信息共享路径的建设模式才能更好地发挥信息技术的作用。

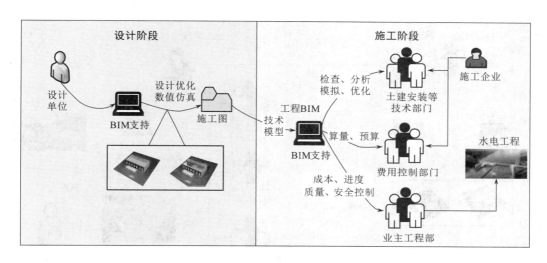

图 1.4-1　设计、施工分离模式下 BIM 应用技术路线图

## 1.4.1.2　BIM 实现设计施工一体化模式的应用

通过采用设计施工一体化模式，集成工程建设过程，可解决水利水电建设领域传统的设计、施工分离模式造成的设计、施工过程中的协调性差、整体性不强等问题；而 BIM 的技术核心是计算机三维模型所形成的工程信息数据库，不仅包含了设计信息，而且可以容纳从设计到建成使用，甚至是使用周期终结的全过程信息。通过 BIM 集成项目信息处理过程，可为实现设计施工一体化提供良好的技术平台和解决思路。

基于 BIM 的设计施工一体化建设，通过信息处理过程的集成实现生产过程的有效改进和重组，同时借助 BIM，使施工方介入水利水电项目施工图设计阶段，共同商讨施工图是否符合施工工艺和施工流程的要求，加强设计方与施工方的交流，在项目设计阶段就植入可施工性概念，为解决设计施工一体化困境提供了出路。图 1.4-2 为设计、施工一体化模式下 BIM 应用技术路线图。

## 1.4.2　水利水电工程 BIM 驱动数字化设计

在传统的设计模式下，由于项目周期紧、设计工作量大、修改频次高、设计工具效率低等因素，并且设计成果展现方面主要以二维图纸的方式展现，但平面的图纸无法满足场景化、信息化的设计需求，致使设计业务多次变更，造成大量的重复劳动，容易导致最终设计成果交付质量不高。同时信息化水平的缺失使得项目各参与方难以同步设计数据，设计、生产、施工、运维各环节相互割裂，协同方式效率低、沟通成本高。对于设计企业，如何实现设计数据的有效沉淀和复用，在重复性、低自由度的设计任务中解放设计人员，使其在创

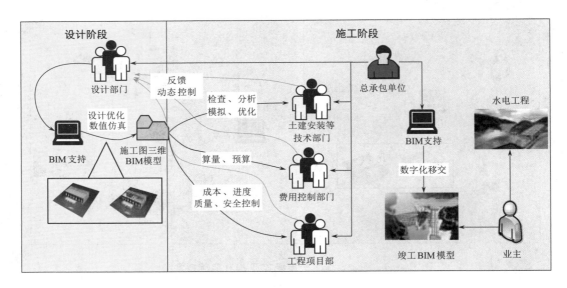

图 1.4 - 2 设计、施工一体化模式下 BIM 应用技术路线图

造性工作方面更好发挥作用，需要借助 BIM 作为智能化设计工具。

水利水电工程 BIM 驱动数字化解决方案就是将数字化驱动设计和工程数据融合，建立设计全要素、全过程、全参与方的一体化协同工作模式，支撑施工和运维场景在设计阶段前置化模拟，打造全数字化样品，进行集成化交付，从而提升设计效率、增强项目协同、扩展企业业务，最终赋能水利水电设计行业数字化转型升级。图 1.4 - 3 为水利水电工程 BIM 驱动数字化设计的"三全""三化"。

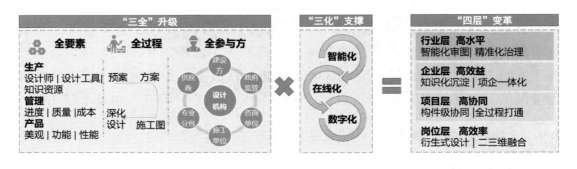

图 1.4 - 3 水利水电工程 BIM 驱动数字化设计的"三全""三化"

BIM 驱动是工程勘察设计行业数字化转型升级的核心引擎。通过数字化技术与设计业务的深度融合，对原有业务进行"三全"解构和"三化"重构，打造新的数字化设计场景，生成新的数字化生产力，同时以平台为支撑，重塑生理上的行业设计业务新的生态，完成数字生产关系的重构，推动岗位层、项目层、企业层、行业层的提质增效，最终实现设计行业的数字化转型升级。

（1）水利水电工程构件级数据驱动设计、生产、建造、交付等项目全流程。通过数字化技术，高效复用构件级数据，贯通技术、制造、建造。在数字设计模式下，各专业基于项目构件、空间等相关数据，以 BIM 作为数据载体，在统一的设计平台上进行分工协作，通过数据的自动流动驱动业务的推进，实现正确的时间处理正确的业务，达成高效的协作。设计方的数据自动传递到生产方，生产方基于设计数据进行自动排产，生产的构件通过链接智能物流实现自动下单，全过程跟踪。施工方根据设计方的数据，进行物料采购、工期排程等安排，实现工厂与现场的无缝连接。通过数字设计平台进行水利水电工程的建模、分析与模拟，将数字虚体水利水电工程与物理实体水利水电工程进行实时关联，实现全过程虚体与实体的信息同步，支撑工程数据的全过程可追溯、全信息可搜索、全记载可调用。

（2）水利水电工程前置化模拟，低成本试错，大幅减少设计变更导致的浪费。基于数字设计平台，采取逆推式模式。在数字设计之初，就将工程开发全过程中成本、施工、运维各阶段所需要的信息提前集成在 BIM 模型中。模型承载各个阶段所需的关键信息，实现成本的实时显示、无缝对接工厂构件加工系统、提供专业深化设计信息及运维系统自动化模拟信息等，便于提前发现与解决问题，实现诸如施工场景模拟、运维场景模拟等数字化管理，大幅减少由设计导致的浪费，实现设计全过程的最优，全面提升设计成果的价值。

（3）水利水电工程集成化交付。集成各专业信息的数字模型交付是数字设计模式的重要特征。在数字设计模式下，设计各相关专业（如建筑、结构、机电等）的设计成果都集成在同一个模型中，而下一个环节的参与方将基于该模型进行相应信息的添加和迭代，充分发挥了 BIM 等数字化技术的价值，完成唯一模型在全过程中的使用，显著减少设计差异，将传统设计过程中相对独立的阶段、活动及信息有效结合起来，降低设计带来的浪费。通过集成化交付，还可实现分阶段、分图层出图，为建造过程中的生产、施工提供数据，提高设计效率与价值。

# 第 2 章

# HydroBIM 概念及体系架构

## 2.1 HydroBIM 起源与发展

### 2.1.1 HydroBIM 发展历程

中国电建集团昆明勘测设计研究院有限公司（以下简称"昆明院"）是国内水利水电行业较早开展三维数字化技术应用的单位。在秉承"解放思想，坚定不移，不惜代价，全面推进"的三维设计指导方针和"面向工程，全员参与"的三维设计理念下，经过多年的研发与项目实践，昆明院已经实现多设计软件的平台级整合、多专业协同模式的建立、多设计软件的插件开发、BIM/CAE 集成技术的无缝对接；同时开发了一系列数字化设计、仿真和办公系统，包括三维地质建模系统、工程边坡三维设计系统、大体积三维钢筋绘制辅助系统、虚拟仿真施工交互系统、文档协同编辑系统、三维数字化移交 IBIM 系统等。

信息技术与工程规划设计建设深度融合是应对重大挑战的重要途径，是新时代水利水电工程建设发展的重要方向。水利水电工程行业在传统设计管理模式下面临产业效率危机，应运而生的新需求如下：

（1）工程数字化设计需要解决面向多行业需求、多专业协同，工程设计企业需要建设具有数据汇集、数据融合、数据分析、数据归档交付的数字化设计协同平台。

（2）工程全生命周期管理需要数字化设计、智能建造、智慧运维一体化平台以解决面向政府、业主、设计、监理、施工、运行的数据集成与综合运用与分析，实现数字化设计、智能建造、智慧运维一体化。

数字化设计对整个行业的转型起着引领和支撑的作用，高标准高要求的数字化设计正是破解不确定性的最优解，成为当前水利水电工程行业转型的关键，但是在推动其建设过程中仍然存在痛点：

（1）数字化协同设计平台开发存在多平台数据融合困难，商业化软件行业应用适配性差，定制化要求高，重复开发现象普遍。

（2）工程设计单位交付的模型数据在施工单位应用存在障碍，多方协同困难，建设管理平台重复建设、开发平台不统一、可移植性差等问题。

（3）工程建设数据到运行阶段数据零散、难以系统归集，结构性差，数据分析及挖掘深度不足，没有发挥数据资产的价值。

打造自有 HydroBIM -水电站综合勘测设计平台及技术规程体系，实现了全流程、全专业三维协同设计，并提供三维施工详图和云交付以指导施工建设。在测绘、地质、水工、施工、机电、监测等主要水利水电设计专业中，年度三维设计产品达 3000 余件，中青年工程师三维设计普及率达 70％～90％。三维数字化设计技术已成功应用在糯扎渡、梨园、阿海、观音岩、黄登、戛洒江、曲孜卡、印度尼西亚的 Kluet -1、老挝的北本、缅甸的腊撒、滇中引水、红石岩堰塞湖整治工程等几十个国内外大中型水利水电工程，设计产品质量保障率达 99％以上。

昆明院是较早开始结合工程建设管理需要、研究三维设计增值服务、探索将三维数字化价值向工程建设和运维管理延伸的企业。

针对高土石坝安全质量控制关键难题，在马洪琪院士、钟登华院士、张宗亮院士领导下，在充分总结天生桥一级面板堆石坝工程实践的基础上，提出了超高土石坝工程数字化管理理念，集成互联网、大物流、大数据、物联网、3S 集成技术等综合技术创新，创造了工程技术、质量、安全一体化的管理模式，并在国内已建高达 261.5m 的糯扎渡心墙堆石坝成功实践。

2011 年年初，昆明院针对水利水电工程在项目周期中的业务特点和发展需求，充分总结糯扎渡工程实践，研发了 HydroBIM 综合管控平台，为水利水电工程规划设计、工程建设、运行管理提供了一体化、信息化的解决方案。HydroBIM 是学习借鉴建筑业 BIM 和制造业产品生命周期管理理念和技术，引入"工业 4.0"和"互联网＋"概念和技术，发展起来的一种多维（3D -空间、4D -进度/寿命、5D -投资、6D -质量、7D -安全、8D -环境、9D -成本/效益……）信息模型和体现大数据、全流程、智能化管理技术的解决方案，是以信息驱动为核心的现代工程建设管理的发展方向，是实现工程建设精细化管理的重要手段，是昆明院在三维数字化协同设计基础上，持续推进数字化、信息化技术在水利水电工程建设和运维管理中的创新应用的集成。昆明院 HydroBIM 已正式获得由原国家工商行政管理总局商标局颁发的商标注册证书。HydroBIM 与公司主业最贴切，具有高技术特征，易于全球流行和识别。

HydroBIM 的核心理念包含六个部分（图 2.1 -1）。

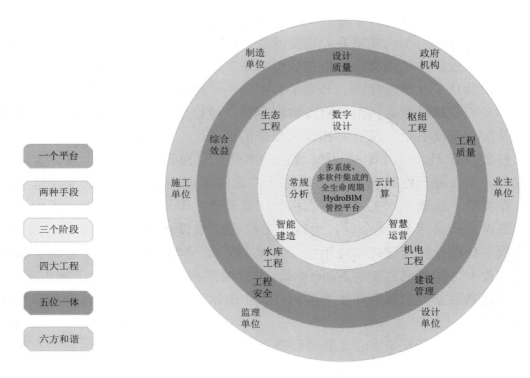

图 2.1-1　HydroBIM 核心理念

（1）一个平台：多系统、多软件集成的全生命周期 HydroBIM 管控平台。

（2）两种手段：常规分析和云计算。

（3）三个阶段：数字设计、智能建造、智慧运营。

（4）四大工程：枢纽工程、机电工程、水库工程、生态工程。

（5）五位一体：设计质量、工程质量、建设管理、工程安全、综合效益。

（6）六方和谐：政府机构、业主单位、设计单位、监理单位、施工单位、制造单位。

HydroBIM 的提出响应了中国电力建设集团有限公司（以下简称"中国电建"）"履约为先，管理为重，创效为本"的管理理念和"抓两场，强两部"的管理要求，得到中国电建领导的高度认可。为更好地支持昆明院 HydroBIM 的落地，中国电建分别于 2012 年、2014 年和 2015 年批准了昆明院关于设计施工一体化、信息化提升工程项目管控能力的三个重点科技项目，在中国电建批准的同类科技项目中，合同数量及经费均居前列。

在中国电建重点科技项目的支持下，HydroBIM 得到了进一步发展，现已初步完成 HydroBIM 综合平台开发，重点包括四大平台：HydroBIM－基于 3S 集成技术的乏信息综合勘测设计平台、HydroBIM－多专业正向协同 BIM/CAE 设计协同一体化平台、HydroBIM－基于 BIM 的 EPC 项目管控平台、

HydroBIM -基于 BIM 的智慧运营管控平台,并开展了大量工程应用实践,可为工程建设项目精细化管理提供强有力技术和平台支持,平台介绍如下。

(1) HydroBIM -基于 3S 集成技术的乏信息综合勘测设计平台,服务于规划、预可行性研究设计阶段,主要应用于国际水利水电工程、国内西部地区项目及应急抢险工程等。如印度尼西亚 Lariang 河流域梯级水电开发规划设计、Kluet-1 及 Paleleng 水电站预可行性研究和可行性研究勘测设计,泰国克拉运河规划设计、红石岩堰塞湖应急排险等。

(2) HydroBIM -多专业正向协同 BIM/CAE 设计协同一体化平台,服务于预可行性研究、可行性研究、招标、施工图设计的勘测设计全阶段,主要应用于国内外水利水电工程及新能源工程,如澜沧江黄登、古水、曲孜卡,金沙江梨园、阿海、观音岩,缅甸腊撒,老挝北本等水电工程勘测设计;牛栏江滇池补水工程、滇中引水工程、牛栏江红石岩堰塞湖整治工程等水利工程勘测设计;李子箐风电场、大龙山风电场、天子山并网光伏电站等新能源工程勘测设计。

(3) HydroBIM -基于 BIM 的 EPC 项目管控平台,主要用于国内外水利水电工程及新能源工程,如戛洒江一级、轩秀、觉巴、圣何塞、黄桷树等水电站 EPC 项目管理,雅砻江杨房沟水电站设计施工总承包投标设计,大中山、对门梁子、清溪、石梁山、吉丹、茨柯山、对门山、小菁山等风电场 EPC 项目管理。

(4) HydroBIM -基于 BIM 的智慧运营管控平台,主要用于国内水利水电工程及市政工程等,如澜沧江小湾高拱坝安全监测智慧服务平台、澜沧江糯扎渡高堆石坝安全评价及预警系统、北京/昆明/玉溪等城市地下管网智能管理系统等。

随着数字中国、智慧社会理念的提出,未来社会将进入万物互联的全新时代,云计算、大数据、物联网、移动应用和人工智能将深度融合到工作和生活中。围绕信息技术的发展与水利水电业务需求,昆明院以 HydroBIM 技术为基础深入挖掘智慧应用场景,全面发挥 HydroBIM 的价值,加快水利水电工程的智慧化进程,具体研究内容包含以下 5 个方面。

(1) BIM+GIS。水利水电工程中包含各类较大单体工程、长线工程及大规模区域性工程,工程全生命周期中区域宏观管理与单体精细化管理并存、水利水电工程的地理空间数据与工程管理数据并存。

GIS 以直观的地理图形方式获取、存储、管理、计算、分析和显示与地球表面位置相关的各种数据,GIS 技术实现了地理信息的数字化。BIM 技术为建筑物数字化提供了技术路线和方法,两种技术融合将实现宏观到微观的整合互补。

BIM＋GIS 的融合应用能实现跨领域的空间信息和模型信息的集成，在 GIS 大场景中展示设计方案并进行比较，基于 BIM 模型进行设计优化及数据分析，减少错漏，全面提高项目精细化管理水平与信息化程度。

（2）BIM＋虚拟现实技术。虚拟现实技术是一种可以创建和体验虚拟世界的计算机仿真系统，其基本实现方式是计算机模拟虚拟环境从而给人以沉浸感。BIM 技术则为虚拟现实所应用的 3D 模型提供图形与基础数据。

BIM 与虚拟现实技术的集成应用包括虚拟场景构建、仿真分析、施工进度模拟、复杂局部施工方案模拟、施工成本模拟、运行监控模拟及交互式场景漫游等。BIM＋虚拟现实技术的融合应用能实现水利水电工程建设及运营过程中虚拟场景的构建、集成、模拟与交互，为项目设计、施工、运维过程中的沟通、讨论、决策提供了一种全新的视角和方式，提高沟通与决策效率，同时为可视化交底、施工模拟、生产管控、仿真培训、虚拟巡检、运行监控提供全新的交互式工作模式。

（3）BIM＋物联网。物联网是通过信息传感器、射频识别技术、全球定位系统、红外感应器、激光扫描器等，实时采集需要监控、连接、互动的物体或过程，采集其声、光、热、电、力学、化学、生物、位置等各种需要的信息，通过网络接入，实现物物连接及智能化感知、识别和管理。

BIM 与物联网集成应用，实质上是工程全过程信息的可视化集成与融合。BIM 技术发挥上层信息集成、交互、展示和管理的作用，而物联网技术则承担底层信息感知、采集、传递、监控、反馈和应用的功能。BIM 与物联网集成应用可在水利水电工程建设及运维方面发挥极大的作用，实现工程信息的可视化集成、融合和决策处理，构建全过程可视化的动态感知与智能监控系统，形成虚拟信息与实体硬件之间的有机融合，最终实现智慧化的建造与运维。

（4）BIM＋云计算。在全面推进新基建的建设过程中，5G、大数据中心等基础设施不断完善，大幅提升了数据的交换与传输能力。云计算是一种基于互联网的网络技术，以互联网为中心，将众多的计算机软硬件资源协调集成，提供快捷的数据计算与数据存储服务。BIM 具有协调性与集成性的特点，可以集成各类工程数据，形成基于 BIM 的工程数据中心。基于云计算强大的计算能力，可将 BIM 应用中计算量大且复杂的工作移至云端，提升计算效率；基于云计算的数据存储能力，部署 BIM 数据中心，充分发挥 BIM 协同的工作特点，及时进行资源共享与工作协同。水利水电行业 BIM 技术的发展将依托云计算技术，发展行业级的 BIM 云服务平台，加快 BIM 技术的更新迭代。在工程全生命周期中，通过云计算技术随时随地获取工程信息，开展可视化工作协同、数据集成、数据管理、大数据分析。

（5）BIM＋数字孪生。数字孪生是以数字化的方式建立物理实体的多维、多时空尺度、多学科、多物理量的动态虚拟模型来仿真和刻画物理实体在真实环境中的属性、行为、规则等。数字孪生落地的首要任务是创建应用对象的数字孪生模型，而 BIM 技术则能构建数字孪生模型的三维虚拟空间。

利用 BIM＋数字孪生技术，将水利水电工程的物理实体与虚拟空间中人、机、物、环境、信息等要素相互映射、交互融合，并动态模拟水利水电工程运行管理的全生命周期状态，进而实现水利水电工程的智能运行、精准管控和可靠运维。

### 2.1.2 HydroBIM 优势

引入 HydroBIM 技术后，将从建设工程项目的组织、管理等多个方面进行系统的变革，实现理想的建设工程信息积累，相较于传统信息管理模式〔图 2.1－2（a）〕，可从根本上消除信息的流失和信息交流的障碍。基于 HydroBIM 的信息管理模式如图 2.1－2（b）。

HydroBIM 中含有大量的工程信息，可为工程提供强大的后台数据支持，可以使业主单位、设计单位、监理单位、施工单位、制造单位、政府机构等众多单位在同一个平台上实现数据共享，使沟通更为便捷、协作更为紧密、管理更为有效，从而弥补传统的项目管理模式的不足。引入 HydroBIM 后工作模式的转变如图 2.1－3 所示。

基于 HydroBIM 的管理模式是创建信息、管理信息、共享信息的数字化方式，其具有很多优势，具体如下。

（1）通过建立 HydroBIM 模型，能够在设计中最大限度地满足业主对设计成果的细节要求。业主可在线以任何一个角度观看设计产品的构造，从而使精细化设计成为可能。

（2）工程基础数据如量、价等数据可以实现准确、透明及共享，能完全实现短周期、全过程对资金风险及盈利目标的控制。

（3）能够对投标书、进度审核预算书、结算书进行统一管理，并形成数据对比。

（4）能够对施工合同、支付凭证、施工变更等工程附件进行统一管理，并对成本测算、招投标、签证管理、支付等全过程造价进行管理。

（5）HydroBIM 数据模型能够保证各项目的数据动态调整，方便追溯各个项目的现金流和资金状况。

（6）根据各项目的形象进度进行筛选汇总，能够为领导层更充分地调配资源、进行决策提供有利条件。

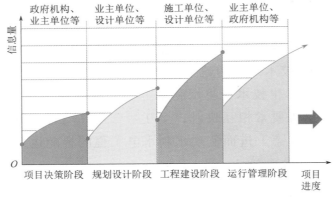

（a）传统信息管理模式

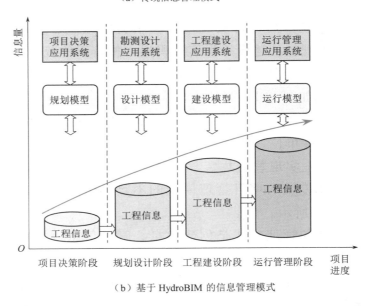

（b）基于 HydroBIM 的信息管理模式

图 2.1-2　引入 HydroBIM 后理想的建设项目信息积累变化示意图

（7）基于 HydroBIM 的 4D 虚拟建造技术能够提前发现在施工阶段可能出现的问题，并逐一修改，提前制定应对措施。

（8）能够在短时间内优化进度计划和实施方案，并说明存在的问题，提出相应的方案用于指导实际项目施工。

（9）能够使标准操作流程可视化，随时查询物料及产品质量等信息。

（10）利用虚拟现实技术实现对资产、空间管理，建筑系统分析等内容的运行维护。

（11）能够对突发事件进行快速应变和处理，快速准确地掌握建筑物的运维情况，如对火灾等安全隐患进行及时处理，减少不必要的损失。

综上，采用 HydroBIM 技术可使整个工程建设项目在规划设计、工程建

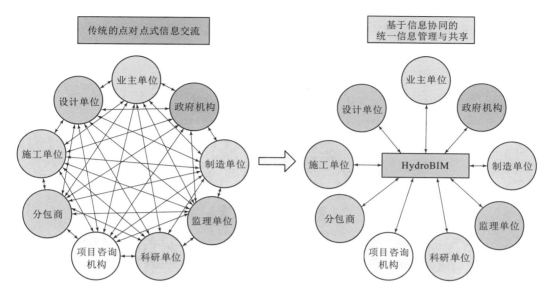

图 2.1-3　引入 HydroBIM 后工作模式的转变

设和运行管理等阶段都能有效地实现制订资源计划、控制资金风险、节省能源、节约成本及提高效率。应用 HydroBIM，能改变传统的项目管理理念，引领信息技术走向更高层次，从而提高建设项目管理的集成化程度。

## 2.2　HydroBIM 体系架构

　　水利水电工程具有规模大且布置复杂、投资大、开发建设周期长、参与方众多及对社会、生态环境影响大等特点，是一个由主体维（政府、业主、管理方、设计方、施工方、监理方等，还可按专业进一步细分）、空间维（枢纽工程、机电工程、水库工程、生态工程）及时间维（规划设计阶段、工程建设阶段、运行管理阶段）构成的复杂的系统工程，要求全面控制安全、质量、进度、投资及生态环境。根据主体维各方需求和工程开发建设规律，将水利水电工程全生命周期管理核心内容概况为"三个阶段四大工程"，见图 2.2-1。水利水电工程数字设计、智慧建造、智慧运营一体化的 HydroBIM，通过集成各个阶段的工程信息，实时准确地反映工程进度或运行状态，各阶段主体方共享集成信息实现协同设计，达到缩短工程开发周期、降低成本及提高工程安全和质量的目的。

### 2.2.1　HydroBIM 平台框架

　　以工程主体方需求和工程开发建设规律为依据，借助物联网技术、3S 技

图 2.2 - 1　水利水电工程全生命周期管理核心内容

术、BIM 技术、BIM/CAE 集成技术、云计算与存储技术、工程软件应用技术及专业技术等，开发以工程安全和质量管理为中心、以 BIM＋GIS 为核心平台、以协同管理为控制平台的水电工程规划设计、工程建设、运行管理一体化的 HydroBIM 综合平台。采用三维数字模型及数据库，关联工程建设过程中的进度、质量及枢纽水库环境信息，关联设计文件、相关会议纪要、设备资料等，通过多维信息模型可查询、管理所有工程信息、即时施工信息及工程运行期实时安全监测信息，实现施工期施工质量和进度的监控及运行期工程安全的监测；通过提供一个跨企业（行政主管机构、业主单位、建管单位、勘测设计单位、施工单位、监理单位等）的合作环境，来控制全生命周期工程信息的共享、集成、可视化和标记，实现工程建设实施过程及运行管理过程的设计质量、工程质量、建设管理、工程安全、综合效益"五位一体"的有效管理，为工程各阶段验收提供准确、全面、可信的数据资料。

　　根据水利水电工程 HydroBIM 综合平台的建设目标及功能要求，结合先进的软件开发思想，设计了四层体系架构：分别由数据采集层、数据访问层、功能逻辑层、表现层组成，如图 2.2 - 2 所示。四层体系架构使得各层开发可以同时进行，并且方便各层的实现更新，为系统的开发及升级带来便利。

　　数据采集层：建立数据采集系统和数据传输系统实现对工程项目自然资源信息（包括水文、地质、地形、移民、环保等相关信息）的收集工作。

　　数据访问层：建立数据库建设与维护系统，实现对 BIM 中的数据进行直接管理及更新。

　　功能逻辑层：该层是系统架构中体现系统价值的部分。根据水电工程全生命周期安全质量管理系统软件的功能需要和建设要求，功能逻辑层设计以下五

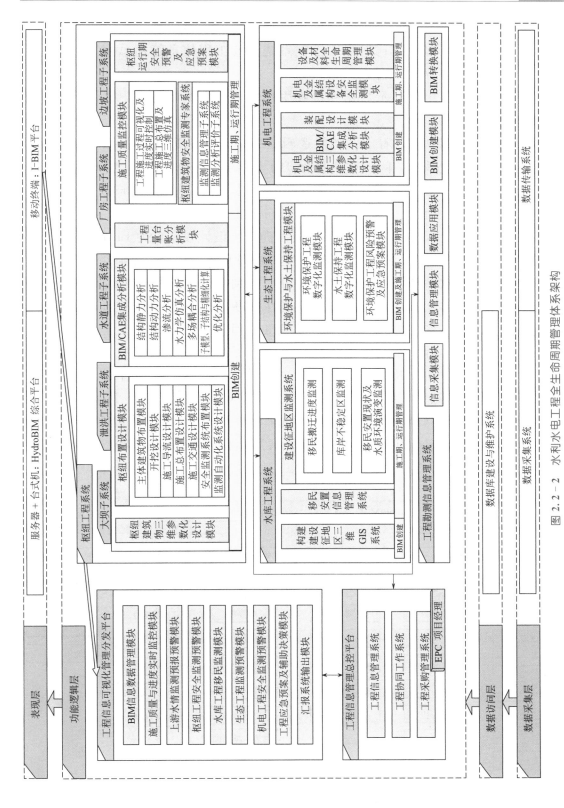

图 2.2 - 2　水利水电工程全生命周期管理体系架构

个子系统和两个平台：①工程勘测信息管理系统；②枢纽工程系统；③机电工程系统；④生态工程系统；⑤水库工程系统；⑥工程信息管理总控平台；⑦工程信息可视化管理分发平台。

表现层：该层用于显示数据和接收用户输入的数据，为用户提供一种交互式操作的界面。

从体系架构图中可以看出，功能逻辑层中的工程信息管理总控平台隔离了表现层直接对数据库的访问，这不仅保护了数据库系统的安全，更重要的是使得功能逻辑层中的各系统享有一个协同工作环境，不同系统的用户或同一系统的不同用户都在这个平台上按照制订的计划对同一批文件进行操作，保证了设计信息的实时共享，设计更改能够协同调整，极大提高了设计效率，为 BIM 的数据互用及协同管理的实现奠定了基础，故该平台是系统软件安装的必需基础组件。

由于该系统软件涉及系统较多，充分考虑到在水电工程规划设计、工程建设、运行管理一体化管理中有些系统功能在某些阶段可能应用不到，故系统软件采用组件式分块安装模式，除了工程信息管理总控平台必须安装以外，用户可根据实际情况自行决定是否安装其他系统，提高了系统的使用灵活性。结合水利水电工程阶段划分及业务功能需求，将 HydroBIM 综合平台划分为四大平台：HydroBIM－基于 3S 集成技术的乏信息综合勘测设计平台、HydroBIM－多专业正向协同 BIM/CAE 设计协同一体化平台、HydroBIM－基于 BIM 的 EPC 项目管控平台、HydroBIM－基于 BIM 的智慧运营管控平台，平台功能框架见图 2.2-3～图 2.2-6。

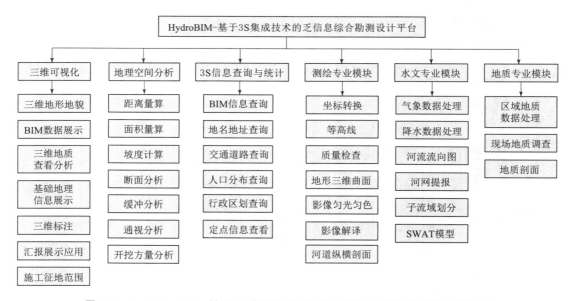

图 2.2-3　HydroBIM－基于 3S 集成技术的乏信息综合勘测设计平台功能框架

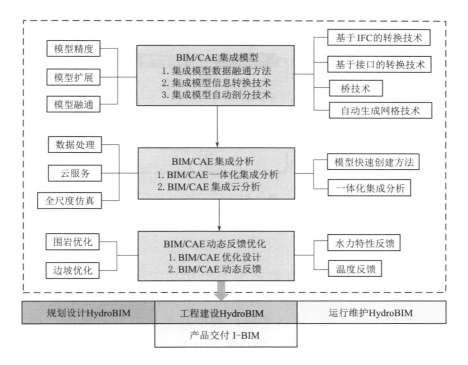

图 2.2-4 HydroBIM-多专业正向协同 BIM/CAE 设计协同
一体化平台功能框架

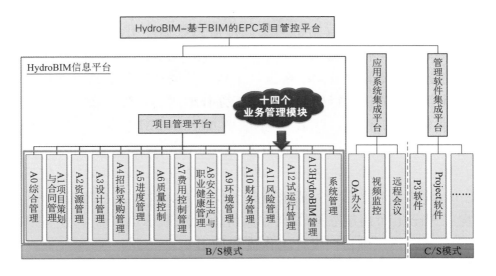

图 2.2-5 HydroBIM-基于 BIM 的 EPC 项目管控平台功能框架

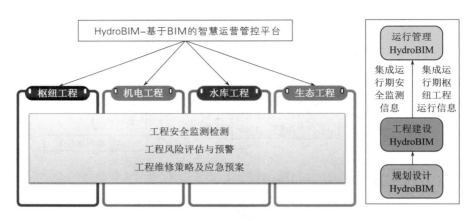

图 2.2－6　HydroBIM－基于 BIM 的智慧运营管控平台功能框架

## 2.2.2　HydroBIM 工作流程

HydroBIM 工作流程主要在数据采集层和功能逻辑层。数据采集层利用 3S、物联网等技术架构工程信息（勘测设计信息、施工过程信息及运行管理信息等）自动/半自动采集、传输系统，数据采集层获取的数据自动进入数据访问层的数据库建设与维护系统，通过数据库管理技术分类整理、标准化管理后录入指定的信息数据库中；然后由功能逻辑层中建立的枢纽信息管理及协同工作平台对信息数据库进行调用，并结合四大功能系统实现信息共享，协同工作，建立包含勘测设计、工程建设和运行管理阶段在内的 HydroBIM 信息模型，并在过程中实时控制数据访问层，将信息数据库更新为 HydroBIM 数据库；由各系统协同工作建立的各系统 HydroBIM，最终构成总控 HydroBIM，其为工程信息可视化管理分发平台提供了核心数据；工程信息可视化管理分发平台重点负责工程项目运行期管理，用于弥补枢纽信息管理及协同工作平台对工程运行期管理的不足，两者所管理的 HydroBIM 实时一致，且保证与 HydroBIM 相关信息的变动会实时引发 HydroBIM 模型及 HydroBIM 数据库的更新；最后功能逻辑层输出投资、进度、质量控制成果，安全、信息管理成果及 HydroBIM 和汇报系统等成果服务于投资方、设计方、施工方和管理方，体现水电工程全生命周期管理的全方位价值。水利水电工程 HydroBIM 工作流程见图 2.2－7。三维协同设计工作流程见图 2.2－8。

BIM 的项目系统能够在网络环境中保持信息即时刷新，并可提供访问、增加、变更、删除等操作，使项目负责人、工程师、施工人员、业主、最终用户等所有项目系统相关用户可以清楚全面地了解项目的实时状态。这些信息在建筑设计、施工过程和后期运行管理过程中，促使加快决策进度、提高决策质

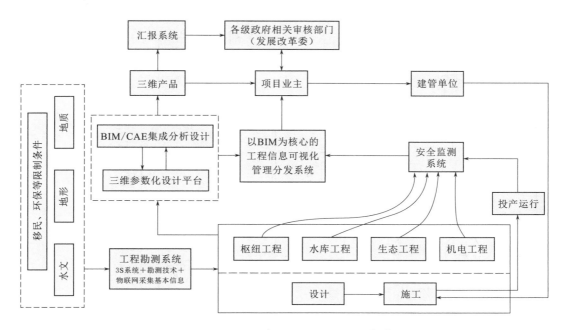

图 2.2 - 7  水利水电工程 HydroBIM 工作流程

量、降低项目成本，从而使项目质量提高，收益增加。

### 2.2.3 HydroBIM 软硬件构成

截至 2021 年，昆明院已投入 4000 多万元为全专业三维协同设计配备了先进、齐备的软硬件环境，见图 2.2 - 9。其中三维设计及 BIM 应用软件以 Autodesk 公司软件为核心，CAE 软件以大型通用有限元软件和专业工程分析软件为主，文档协同办公基于 Sharepoint 平台开发。同时，为了满足专业级三维设计及 BIM 应用，还投入数百万元资金，自主或联合软件商及高校科研机构合作开发专业数字化、信息化应用系统软件。

1. 核心 BIM 应用软件

美国 buildingSMART 联盟主席 Dana K. Smith 先生在其 2009 年出版的 BIM 专著 *Building Information Modeling：A Strategic Implementation Guide for Architects，Engineers，Constructors and Real Estate Asset Managers* 中下了这样一个论断：依靠一个软件解决所有问题的时代已经一去不复返了。BIM 是一种成套的技术体系，BIM 相关软件也要集成建设项目的所有信息，对建设项目各阶段实施建模、分析、预测及指导，从而将应用 BIM 技术的效益最大化。

其实 BIM 不止不是一个软件的事，准确地来说 BIM 不是一类软件的事，而且每一类软件的选择不止一个产品，这样充分发挥 BIM 价值为工程项目创

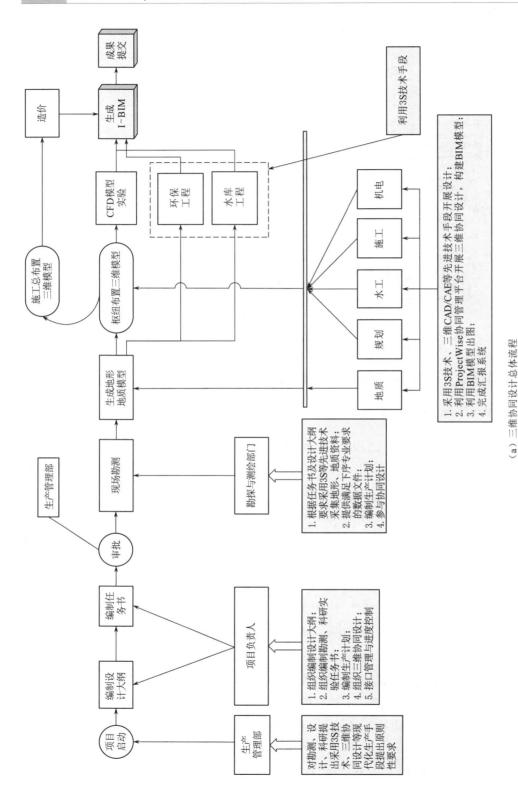

（a）三维协同设计总体流程

图 2.2-8（一）　三维协同设计工作流程

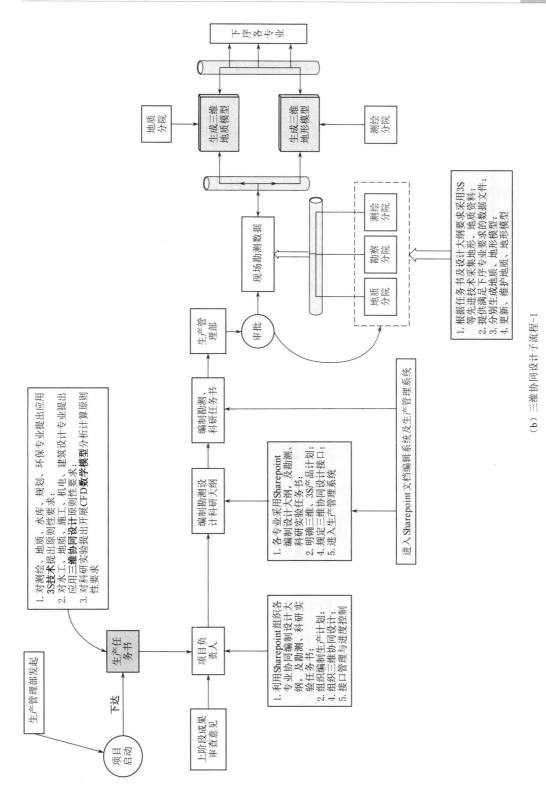

（b）三维协同设计工作流程

图 2.2 - 8 （二）　三维协同设计工作流程

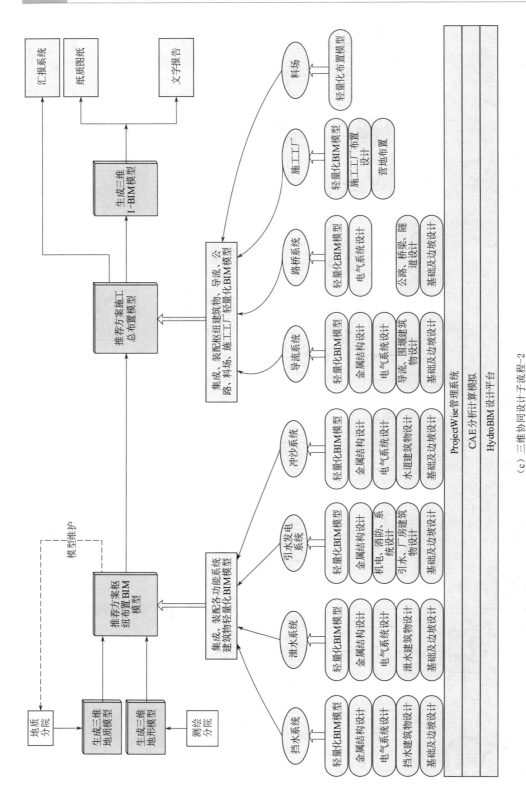

(c) 三维协同设计工作流程-2

图 2.2 - 8（三）　三维协同设计工作流程

| | 商业软件 | 自主开发软件 |
|---|---|---|
| 3S软件 | ArcGIS、Skyline、MapMatrix等 | 水库库岸稳定性GIS信息系统等 |
| CAD三维设计 | Autodesk 三维设计系列软件：AutoCAD, Civil 3D, Revit, Inventor, Navisworks, Infraworks等 | 土木工程三维地质模型系统（GeoBIM 2013）大体积混凝土配筋设计系统 岩土工程边坡三维设计系统 |
| CAE分析 | ANSYS、ABAQUS、ADINA、FLAC3D、ADAMS、FLOW3D、FLUENT、Geostudio、Plaxis、EMU、STAB、理正、PKPM等 | |
| 三维产品交付 | Autodesk 360、BIM 360 GLUE | I-BIM |
| 数字化虚拟仿真 | Navisworks、Infraworks、VRP、3DS MAX、Rhino等 | |
| 建设质量监控 | | 工程施工质量实时监控系统等 |
| 安全评价及预警 | | 工程安全评价与预警管理信息系统等 |
| 协同设计管理 | Sharepoint，ProjectWise等 | 企业云 |
| 知识资源管理 | | 工程知识资源管理系统 |

| | 品牌 | 数量 |
|---|---|---|
| 大数据服务器 | HP、DELL等 | 100 |
| 图形工作站 | HP Z400、HP Z420 | 500 |
| | DELL T7610 | 50 |
| 移动图形工作站 | HP ELTEBOOK 8770 | 20 |
| iPad三维产品交付 | 苹果 | 300 |
| 无人飞行器 | 固定翼轻型无人机航摄系统 ZC-1 | 1 |
| 三维激光扫描仪 | 奥地利RIEGL VZ-4000 | 1 |
| 手持GPS | 集思宝 | 100 |
| 涉密电脑 | | 20 |
| 交换机 | 思科，华为 | 20 |
| 海量数据存储系统 | EMC，浪潮 | 5 |

图 2.2-9 昆明院 HydroBIM 软硬件构成

造更大的效益所涉及的常用 BIM 软件数量就有十多个甚至几十个之多。结合水利水电工程特点及发展需求，历经多年实践经验，编者团队以 Autodesk BIM 软件作为 HydroBIM 核心建模与管理软件。

Autodesk 公司作为一家在工程建设领域领先的软件供应商和服务商，其产品在技术特点和发展理念上有许多地方都与水利水电行业的当前需求不谋而合。Autodesk 公司的产品在产品线数据的兼容能力、专业覆盖的完整性、企业管理与协同工作及企业标准化、信息化、一体化等方面都具有明显的优势。图 2.2-10 为 Autodesk BIM 解决方案总体构架示意图。

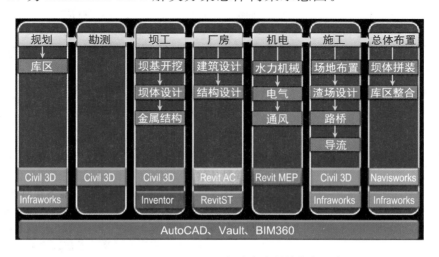

图 2.2-10 Autodesk BIM 解决方案总体构架示意图

Autodesk 建筑设计套件（BDS）和基础设施设计套件（IDS）及平台产品（BIM 360）在设计施工一体化流程中相应的解决方案见表 2.2-1。

表 2.2-1　　　　　　　　　Autodesk 套件产品解决方案

| 套件 | 平台产品 | 设计施工一体化流程中的相应解决方案 |
|---|---|---|
| BDS | BDS | 支持项目全生命周期的项目设计（传统设计流程及 BIM 流程）、分析、可视化、协同检查、施工模拟、节点详图设计、点云功能及运维数据准备等工作 |
| | Revit | 专业的建筑信息模型协同设计和建模平台，集成了多种面向建筑设计、结构工程设计和水暖电设计的特性。在 Revit 设计模型的基础上，可通过零件和部件的功能，根据施工工序和工作面的划分，将设计模型中的梁、板、柱等构件拆分为或成组为可进行计划、标记、隔离的单个实体，用于施工阶段的 4D、5D 模拟及相关应用 |
| | Inventor | 用于三维机械设计、仿真、模具创建和设计交流，支持水电工程中金属结构专业的设计，验证设计的外形、结构和功能，以满足预制加工的需要 |
| | Navisworks | 支持多平台、多数据格式的模型整合。与 Revit 平台之间有双向更新的协同机制，用于施工阶段的冲突管理、碰撞检查、管线综合、施工工艺仿真、施工进度模拟、工程算量、模型漫游等工作 |
| | ReCap | 支持将无人机、手持设备、激光扫描仪等设备的数据导入到 ReCap 中，生成点云模型，可直接捕捉点进行绘制，生成几何体。在施工阶段可用于老建筑改造、新建建筑对周边已有建筑的影响分析、施工质量检测等方面 |
| IDS | IDS | 支持项目全生命周期的项目设计（传统设计流程及 BIM 流程）、分析、可视化展示、GIS 可视化集成、地质、桥梁、河网洪水分析、铁路模块、路线路基、协同检查、施工模拟、点云功能及运维数据准备等工作 |
| | Civil 3D | 提供了强大的设计、分析及文档编制功能，广泛应用于勘察测绘、岩土工程、交通运输、水利水电、城市规划和总图设计等领域。具体包含测量、三维地形处理、土方计算、场地规划、道路和铁路设计、地下管网设计等功能。用户可结合项目的实际需求，将 Civil 3D 用于分析测量网格、平整场地并计算土方平衡、进行土地规划、设计平面路线及纵断面、生成道路模型、创建道路横断面图和道路土方报告等 |

| 套件 | 平台产品 | 设计施工一体化流程中的相应解决方案 |
|---|---|---|
| IDS | Infraworks 360 | 作为针对基础设施行业的方案设计软件，支持工程师和规划者创建三维模型并基于立体动态的模型进行相关评估和交流，通过身临其境的工作环境让专业和非专业人员迅速地了解和理解设计方案。基于 Infraworks 360 模型生成器获取的地形数据，可在施工阶段进行场地布置、快速布置施工道路、平整场地、计算区域内坡度和高程等一系列工作 |
| BIM 360 | BIM 360 | 新一代的云端 BIM 协作平台，帮助用户获取虚拟的无限计算能力，通过移动终端或网络端获取最新的项目信息，对项目进行规划、设计、模拟、可视化、文档管理和虚拟建造，让每个人在任何时间任何地点获取信息。BIM 360 的四个产品：Glue、Schedule、Layout、Field 可以实现从办公室的施工准备工作到施工现场的执行与管理的全部流程 |
| | Glue | 支持基于云端的高效直观的模型整合、浏览、展示、更新、管理、碰撞检查，并能协助项目团队在任何时间、任何地点、任何接入方式基于模型进行协同工作和沟通 |
| | Field | 支持基于云端的图纸文档浏览和同步；在施工现场进行质量管控和现场拍照，并自动生成记录报告；可对图纸进行问题记录；通过即时邮件发送给相应问题的责任人实现工作追踪；设备属性参数调取、安装与调试；能对施工现场质量、安全、文档进行高效管理 |
| | Layout | 与智能全站仪相结合，通过在 BIM 模型中创建、编辑及管控放样点数据，将放样点数据传递给全站仪，便于掌握现场放样及竣工状态，实现设计与竣工数据的相互印证 |
| | Vault Professional | 用于协同及图文管理，支持文档图纸管理、族库管理、权限管理、版本管理、变更管理、文件夹维护、Web 客户端远程访问等功能；便于施工单位和业主在施工阶段及时获取最新版本的模型和图纸信息，而不受硬件设备条件的限制；加快各方的沟通和变更 |

2. HydroBIM 硬件配置

HydroBIM 模型带有庞大的信息数据，因此，HydroBIM 的硬件配置有严格的要求，并在结合项目需求及节约成本的基础上，需要根据不同的使用用途和方向，对硬件配置进行分级设置，即最大程度保证硬件设备在 HydroBIM 实施过程中的正常运转，最大限度地控制成本。

在项目 HydroBIM 实施过程中，根据工程实际情况搭建 BIMServer 系统，方便现场管理人员和 I－BIM 中心团队进行模型的共享和信息传递。通过在项目部和 HydroBIM 中心各搭建服务器，以 HydroBIM 中心的服务器作为主服务器，通过广域网将两台服务器进行互联，然后分别给项目部和 HydroBIM 中心建立模型的计算机进行授权，就可以随时将自己修改的模型上传到服务器上，实现模型的异地共享，确保模型的实时更新。

（1）项目需投入多台服务器，如：项目部需要数据库服务器、文件管理服务器、Web 服务器、HydroBIM 中心文件服务器、数据网关服务器等；公司 HydroBIM 中心需要关口服务器、Revit Server 服务器等。

（2）若干台 NAS 存储。如：项目部需要 10T NAS 存储；公司 BIM 中心需要 10 T NAS 存储。

（3）若干台 UPS。

（4）若干台图形工作站。

硬件与网络示意图如图 2.2－11 所示。

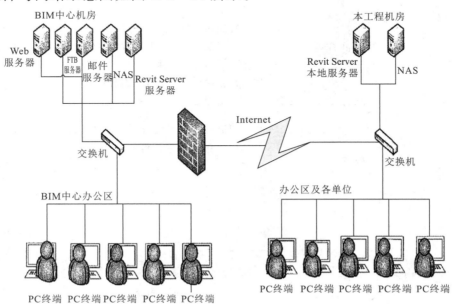

图 2.2－11　硬件与网络示意图

常见 HydroBIM 硬件设备见表 2.2-2。

表 2.2-2                                              常见 HydroBIM 硬件设备

| 工作任务 | 硬 件 配 置 建 议 | |
|---|---|---|
| | 名称 | 性 能 指 标 |
| 常规 BIM 设计工作：创建专业 BIM 模型、创建族库等 | 操作系统 | Microsoft Windows 7 SP1 64 位 或 Microsoft Windows 8 64 位 或 Microsoft Windows 8.1 64 位 |
| | CPU | 英特尔酷睿 i3 或 i5 系列或同等 AMD 处理器 |
| | 内存 | 8GB |
| | 显示器 | 1680×1050 真彩色 |
| | 显卡 | Nvidia Quadro K600 或更高 |
| | 硬盘 | 500 GB SATA 硬盘（7200 r/min） |
| 大模型应用：大模型整合、漫游、渲染等 | 操作系统 | Microsoft Windows 7 SP1 64 位 或 Microsoft Windows 8 64 位 或 Microsoft Windows 8.1 64 位 |
| | CPU | 英特尔至强或酷睿 i7 系列或同等 AMD 处理器 |
| | 内存 | 16GB 或更高 |
| | 显示器 | 1920×1200 真彩色 |
| | 显卡 | Nvidia Quadro K4000 或更高 |
| | 硬盘 | 500 GB SATA 硬盘（7200 r/min）或另配固态硬盘 |
| 便携式查看及交流 | iPad | iPad 4/iPad Air/iPad Air2 |

## 2.2.4 HydroBIM 数据库框架

基于 BIM、大数据、云计算与存储、移动互联等工程数字化、信息化技术，架构了包含 BIM 模型库、工程量清单库、施工质量信息库、安全监测信息库、工程知识资源库、数字移交库等的 HydroBIM 统一数据库，以其为支撑，通过数字移交、招标采购管理、建设质量实时监控、安全评价与预警及工程知识资源管理等服务，实现规划设计 HydroBIM 向工程建设和运行管理 HydroBIM 扩充，为水利水电工程全生命周期管理提供强大的数据支持。HydroBIM 数据库结构见图 2.2-12。

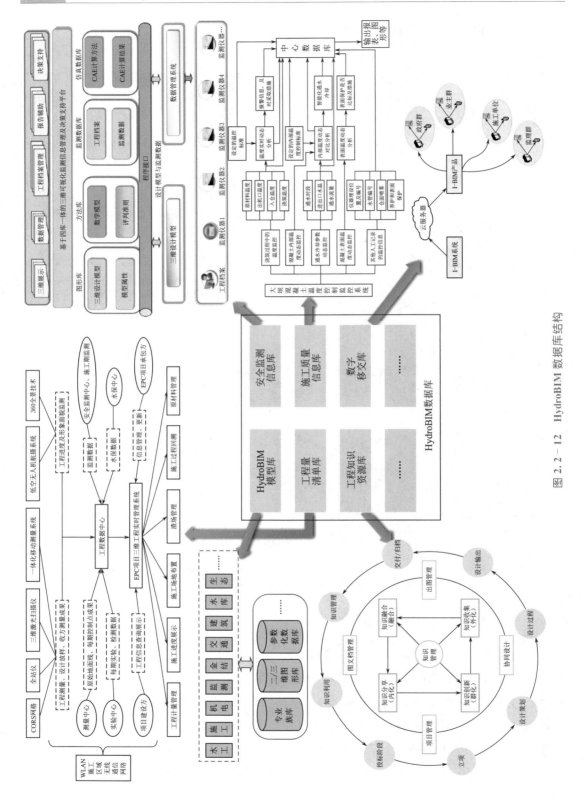

图 2.2 - 12　HydroBIM 数据库结构

# 第 3 章

# HydroBIM 标准体系

## 3.1 概述

本书参考借鉴国内外建筑、能源、公路、铁路、水运等领域相关 BIM 标准、建立水利水电工程 HydroBIM 标准体系，为水电工程领域大范围开展 HydroBIM 应用提供统一指导和规范应用，在提升水利水电行业 BIM 应用的标准化管理能力、促进水利水电 BIM 标准科学有序的发展、探索建立高效的水利水电 BIM 标准化工作组织管理与协调机制方面具有重要意义。

水利水电工程 BIM 标准框架针对目标用户群分为两个维度：

（1）面向软件开发者的水利水电工程 BIM 技术标准。技术标准是对水利水电工程信息模型所需交换信息的定义、格式规范、信息交换过程制定的标准，具体包括数据储存标准、信息语义标准、信息传递标准。

（2）面向工程实施者的水利水电工程 BIM 实施标准。实施标准是对水利水电工程信息模型应用实施过程中的创建、使用、管理制定标准，具体包括资源标准、行为标准、交付标准。

水利水电工程 BIM 标准框架见图 3.1-1。

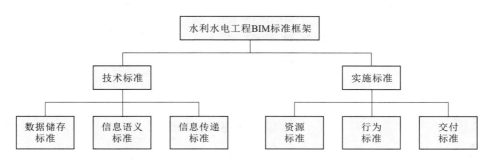

图 3.1-1 水利水电工程 BIM 标准框架

## 3.2 HydroBIM 标准体系框架

参考国内外相关的 BIM 标准，结合水利水电工程特点和行业发展需求，构建水利水电标准体系，做好水利水电 BIM 标准顶层设计，统一指导、规范 BIM 技术应用是十分必要和重要的。本书以水利水电 BIM 应用流程为逻辑，梳理面向一体化的覆盖数据、应用、管理的全专业的水利水电工程 BIM 标准体系框架，结合 HydroBIM 核心理念，归纳凝练得到 HydroBIM 标准体系基础标准。HydroBIM 标准体系框架如图 3.2 - 1 所示。

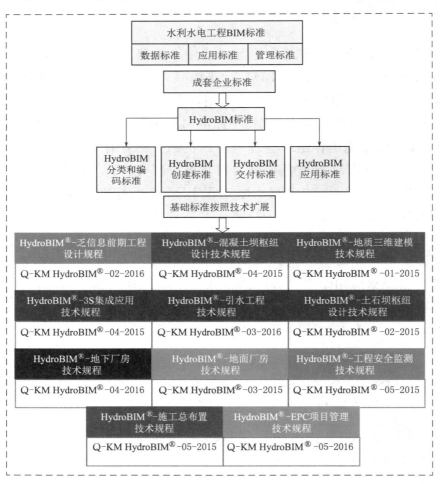

图 3.2 - 1 HydroBIM 标准体系框架

水利水电工程 HydroBIM 标准体系中基础标准包括信息模型分类和编码标准、创建标准、交付标准和应用标准四大部分。标准体系中其他标准是根据水利水电工程特点、对 BIM 技术的应用需求、企业项目管理模式等进行深化展开，本书主要对 HydroBIM 四大部分基础标准进行介绍：

（1）分类和编码标准制定面向 IT 开发领域详细具体的技术规则，用于指导和规范 HydroBIM 的分类和模型建立。

（2）创建标准是为了保证模型建设成果的统一性、完整性和准确性，用于指导和规范模型数据创建过程。

（3）交付标准是为了规范水利水电工程设计信息模型交付，提高水利水电工程信息模型的应用水平。

（4）应用标准是为规范和引导水利水电工程全生命周期信息模型的创建、使用和管理，提高水利水电工程基于信息模型的一体化管控能力，提升水利水电工程项目信息化水平而制定。

## 3.3 HydroBIM 分类和编码标准

HydroBIM 分类及编码标准规定了新建、改建和扩建的水利水电工程信息模型的分类、编码及组织，适用于水利水电工程信息模型相关软件平台开发及模型应用，主要用于指导和规范水利水电工程 HydroBIM 软件开发和信息模型的分类和编码。

### 3.3.1 HydroBIM 分类和编码基本规定

#### 3.3.1.1 分类对象和分类方法

HydroBIM 信息模型分类涉及的建筑、结构、暖通、室内工程等内容应引用《建筑信息模型分类与编码标准》（GB/T 51269），其余的水利水电工程模型信息则是在 GB/T 51269 的基础上进行扩展，并按水利水电工程信息模型分类编码的需求进行分类。结合水利水电工程的特点，需要根据水利水电工程项目的特性与类别，有针对性地引用已有的涉及该工程项目的编码体系。不同分类编码体系的设计应考虑与水利水电工程建设管理模式、中国国家 BIM 标准等的协调性。

（1）HydroBIM 信息分类结构包含以下内容：

1）建筑工程信息分类应包括建设成果、建设过程、建设资源及建设属性等内容：①建设成果包括按功能分建筑物、按形态分建筑物、按功能分建筑空间、按形态分建筑空间、元素、工作成果六个分类表；②建设过程包括行为、专业领域；③建设资源包括组织角色、工具、信息；④建设属性包括材料、属性。

2）水利水电工程信息分类应包括水利水电工程中的建设成果、建设过程、建设资源等内容：①建设成果包括水利水电工程特性、水利水电工程系统和水利水电工程文档；②建设过程包括水利水电工程工项、水利水电工程阶段、水利水电工程构件及测绘与地质；③建设资源包括水利水电工程人员角色、水利水电工程产品、施工设备；④可依据具体工程项目对分类结构进行扩充。HydroBIM 信息分类结构见表 3.3－1。

表 3.3－1　　　　　　　　　　HydroBIM 信息分类结构

| 工程对象 | 内　　容 | 分　　类 |
|---|---|---|
| 建筑工程 | 建设成果 | 按功能分建筑物 |
| | | 按形态分建筑物 |
| | | 按功能分建筑空间 |
| | | 按形态分建筑空间 |
| | | 元素 |
| | | 工作成果 |
| | 建设过程 | 行为 |
| | | 专业领域 |
| | 建设资源 | 组织角色 |
| | | 工具 |
| | | 信息 |
| | 建设属性 | 材料 |
| | | 属性 |
| 水利水电工程 | 建设成果 | 水利水电工程特性 |
| | | 水利水电工程系统 |
| | | 水利水电工程文档 |
| | 建设过程 | 水利水电工程工项 |
| | | 水利水电工程阶段 |
| | | 水利水电工程构件 |
| | | 测绘与地质 |
| | 建设资源 | 水利水电工程人员角色 |
| | | 水利水电工程产品 |
| | | 施工设备 |

（2）HydroBIM 信息模型宜采用面分法与线分法相结合，按照表 3.3－2进行分类。

表 3.3 - 2                     HydroBIM 信息模型分类表

| 序号 | 分类表名称 | 编 制 说 明 |
|---|---|---|
| 1 | 按功能分建筑物 | 在 GB/T 51269 的基础上扩展水利水电工程相关内容 |
| 2 | 按形态分建筑物 | 在 GB/T 51269 的基础上扩展水利水电工程相关内容 |
| 3 | 按功能分建筑空间 | 在国家标准基础上扩展水利水电工程相关内容 |
| 4 | 按形态分建筑空间 | 引用 GB/T 51269 |
| 5 | 元素 | 引用 GB/T 51269 |
| 6 | 工作成果 | 引用 GB/T 51269 |
| 7 | 行为 | 引用 GB/T 51269 |
| 8 | 专业领域 | 在 GB/T 51269 的基础上扩展水利水电工程相关内容 |
| 9 | 组织角色 | 引用 GB/T 51269 |
| 10 | 工具 | 引用 GB/T 51269 |
| 11 | 信息 | 引用 GB/T 51269 |
| 12 | 材料 | 引用 GB/T 51269 |
| 13 | 属性 | 引用 GB/T 51269 |
| 14 | 水利水电工程构件 | 按水利水电工程信息模型分类编码需求编制 |
| 15 | 水利水电工程工项 | 按水利水电工程信息模型分类编码需求编制 |
| 16 | 水利水电工程阶段 | 按水利水电工程信息模型分类编码需求编制 |
| 17 | 水利水电工程人员角色 | 按水利水电工程信息模型分类编码需求编制 |
| 18 | 水利水电工程产品 | 按水利水电工程信息模型分类编码需求编制 |
| 19 | 水利水电工程特性 | 按水利水电工程信息模型分类编码需求编制 |
| 20 | 测绘与地质 | 按水利水电工程信息模型分类编码需求编制 |
| 21 | 水利水电工程系统 | 按水利水电工程信息模型分类编码需求编制 |
| 22 | 机电系统（KKS） | 按水利水电工程信息模型分类编码需求编制 |
| 23 | 施工设备 | 按水利水电工程信息模型分类编码需求编制 |
| 24 | 水利水电工程文档 | 按水利水电工程信息模型分类编码需求编制 |

1）按功能分建筑物，用于按照功能或用户活动特征分类建筑物。该表可引用 GB/T 51269，在适当的类目下扩展水利水电工程建筑物。

2）按形态分建筑物，用于按照形态特征分建筑物。该表可引用 GB/T 51269，在适当的类目下扩展水利水电工程建筑物。

3）按功能分建筑空间，用于按照功能或用户互动特征分类建筑空间。该表引用 GB/T 51269，并在适当的条目下扩展水利水电工程建筑空间。

4）按形态分建筑空间，用于按照形态特征分建筑空间。该表引用 GB/T 51269。

5）元素，用于按照功能特征分类建筑元素。该表引用 GB/T 51269。

6）工作成果，用于按照工作类型特征分类建筑工程工作成果。该表引用 GB/T 51269。

7）行为，用于分类行为。该表引用 GB/T 51269。

8）专业领域，用于分类专业领域。该表引用 GB/T 51269，并在适当条目下扩展水利水电工程专业领域。

9）组织角色，用于分类组织角色。该表引用 GB/T 51269。

10）工具，用于按照功能特征分类工具。该表引用 GB/T 51269。

11）信息，用于分类信息。该表引用 GB/T 51269。

12）材料，用于分类材料。该表引用 GB/T 51269。

13）属性，用于分类属性。该表引用 GB/T 51269。

14）水利水电工程构件，用于按照功能特征分水利水电工程构件。

15）水利水电工程工项，用于按照工作类型特征分类水利水电工程工项。

16）水利水电工程阶段，用于分类水利水电工程项目阶段。

17）水利水电工程人员角色，用于分类水利水电工程人员角色。

18）水利水电工程产品，用于按照功能和材料特征分类水利水电工程产品。

19）水利水电工程特性，用于分类水利水电工程实体特性。

20）测绘与地质，用于分类水利水电工程测绘与地质勘探信息。

21）水利水电工程系统，用于按照功能特征分类水利水电工程中各类系统。

22）机电系统（KKS），用于按照电厂 KKS 体系特征分类水利水电工程中的各类机电设备系统。

23）施工设备，用于按照功能特征分类水利水电工程中的各类施工设备。

24）水利水电工程文档，用于按照类别、特征分类水利水电工程中的各类文档文件。

### 3.3.1.2　编码及扩展原则

HydroBIM 信息模型分类方法和编码原则应符合《信息分类和编码的基本原则和方法》（GB/T 7027）的规定，在分类时应符合科学性、系统性、可扩延性、兼容性、综合实用性的原则。信息分类编码只对分类对象编码，各类对象流水号编码由系统按照递增原则自动增加，标准中已规定的分类和编码应保持不变。

信息分类编码结构应包括分类表代码和各层级分类对象代码。某电站信息分类编码结构见图 3.3 - 1。各级分类对象代码应采用 2 位阿拉伯数字表示。

图 3.3 - 1　某电站信息分类编码结构

单个分类表内各层级代码应采用两位数字表示，各代码之间用英文"."隔开，分类对象编码由分类表代码和各层级对象代码组成，分类表代码与各层级对象代码之间用"-"连接；各层级分类对象代码不足 6 位时用"00"末位补齐，在单个分类表内的分类层级不应超过 8 级，同一层级类目数量不应大于99 个，且单个表目内编码长度不应大于 18 位，在增加或扩展类目与编码时，表内扩展的最高层级代码应在 90～99 之间取值编码。

### 3.3.1.3　编码体系对应原则

以水利水电工程信息分类和编码为索引，通过映射、组合和索引等方式，融通各个编码体系并建立对应关系，贯通水利水电工程信息在规划设计、物资采购、工程建设、运行维护等各业务环节的信息，提高基于信息的水利水电工程信息精益化管理水平，服务和支撑信息全生命周期管理深化建设。

例如对于同一信息对象，通过分类表代码将实物 ID、设备编码、项目编码、WBS 编码、物料编码及资产编码等内容关联起来，编码体系关联关系如图 3.3 - 2 所示。编码体系对应关系通过对应关系表进行对应。编码体系对应关系应用示意表见表 3.3 - 3。

### 3.3.2　HydroBIM 分类与编码应用

实际应用 HydroBIM 分类及编码标准需要确定编码运算符号以及基本的应用原则。为了在复杂情况下精确描述对象，应采用编码运算符号联合多个编码一起使用，编码的运算符号常采用"＋""/""＜""＞"符号表示，比如：

（1）"＋"用于将同一表格或不同表格中的编码联合在一起，以表示两个或两个以上编码含义的集合。

（2）"/"用于将单个表格中的编码联合在一起，定义一个表内的连续编码段落，以表示适合对象的分类区间。

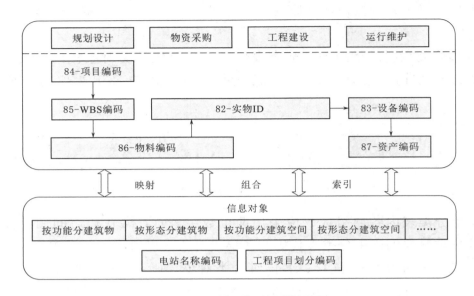

图 3.3－2　编码体系关联关系图

表 3.3－3　　　　　　　编码体系对应关系应用示意表

| 信息对象 | 实物 ID | 设备编码 | 项目编码 | WBS 编码 | 物料编码 | 资产编码 |
|---|---|---|---|---|---|---|
| 信息对象 1 | 82 -△ | 83 -○ | 84 -▲ | 85 -★ | 86 -● | 87 -◆ |
| 信息对象 2 | 82 -△ | / | 84 -▲ | 85 -★ | 86 -● | / |
| 信息对象 3 | / | 83 -○ | / | / | / | 87 -◆ |
| … | … | … | … | … | … | … |

（3）"＜""＞"用于将同一表格或不同表格中的编码联合在一起，以表示两个或两个以上编码对象的从属或主次关系，开口背对是开口正对编码所表示对象的一部分。

以 HydroBIM 分类及编码标准进行编码归档时，无运算符号的单个编码按照各分类层级，依次对各级代码按照从小到大的顺序归档。由同一类运算符号联合的组合编码集合，应按从左到右、从小到大的顺序逐级进行归档。由单个编码和组合编码构成的编码集合，应先对由"/"联合的组合编码进行归档，再对单个编码进行归档，之后对由"＋"联合的组合编码进行归档，最后对由"＜""＞"联合的组合编码进行归档。当由不同的组合编码表达同一对象时，归档顺序在前的编码应为这一对象的引用编码，也可以将其他编码系统与本规程所规定的分类编码结合使用。

　　以土建工程编码应用和机电工程编码应用示例（图 3.3－3 和图 3.3－4），采用"80－******＋22－21.21.11.11＋12－30.19.12＋62－01.10.10"表示"某电站＋坝工＋下库主坝＋混凝土坝体"；采用"80－******＋83－＝1MFB10AE011"表示"某电站＋1 号机组球阀接力器"。

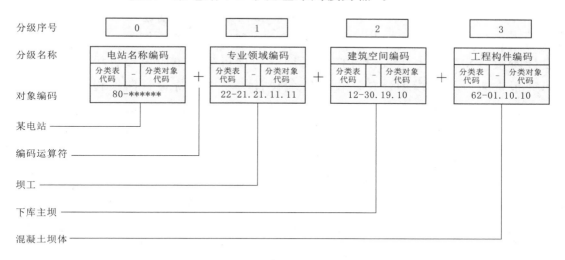

图 3.3－3　土建工程编码应用示例

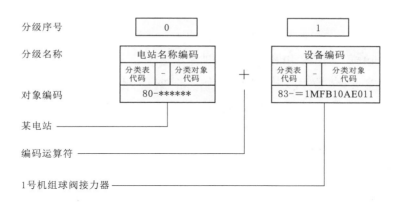

图 3.3－4　机电工程编码应用示例

## 3.4　HydroBIM 创建标准

　　HydroBIM 创建标准规定设计、施工、运维阶段工程信息模型创建、使用和管理的要求。在 HydroBIM 信息模型按专业或任务分别创建时，各模型协调一致，能够集成应用，能够保证水利水电工程设计、施工、运营阶段 BIM模型建设成果的统一性、完整性和准确性、对模型数据创建过程进行规范化指导，并能够统一化和标准化水利水电工程信息模型成果。

### 3.4.1 HydroBIM 模型创建基本规定

#### 3.4.1.1 模型内容

HydroBIM 信息模型应根据相关专业和任务的需要创建，其模型细度应满足施工深化设计、施工过程应用、竣工验收和运营维护应用等任务的要求。在设计阶段，水利水电工程设计模型可划分为项目建议书阶段设计模型、可行性研究报告阶段设计模型、初步设计阶段设计模型、招标设计阶段设计模型；水电工程可划分为预可行性研究阶段设计模型、可行性研究阶段设计模型。施工运维阶段通常包括施工模型、竣工验收模型和运维模型，其中施工模型又分为施工深化设计模型和施工过程模型。

施工深化设计模型宜在施工图模型基础上，通过增加或细化模型元素等方式创建，也可根据施工图等已有工程项目文件进行创建。施工过程模型宜在施工图模型或施工深化设计模型基础上，按照工作分解结构和施工方法对模型元素进行拆分和合并处理形成，也可根据任务需要进行创建，并在施工过程中对模型元素附加或关联施工信息。工程施工和运维过程相关信息可以通过 BIM 管理平台或其他方式进行附加或关联。

竣工验收模型宜在施工过程模型基础上，根据工程竣工验收要求，通过修改、增加或删除模型元素和相关信息创建。

运维模型宜在竣工验收模型基础上，根据功能任务要求对模型元素进行合并和集成并经过轻量化处理形成，也可结合三维实景建模等技术进行创建，并在运营维护过程中对模型元素附加或关联运营维护信息。

HydroBIM 信息模型创建宜采用统一的度量单位，除桩号和标高以"m"为单位外，其余均采用"mm"为单位。模型元素信息主要包括尺寸、定位、空间拓扑关系等几何信息以及名称、规格型号、材料和材质、生产厂商、功能与性能技术参数，以及系统类型、施工段、施工方式、工程逻辑关系等非几何信息。当工程发生变更时，应更新模型元素及相关信息，并关联变更台账信息，创建模型后仍需要通过检查、审核和确认。

#### 3.4.1.2 模型结构

HydroBIM 创建设计模型宜按照阶段进行划分。例如设计阶段模型结构按照项目级、功能级、构件级、零件级进行组织，并应保持数据在各个层级之间的关联一致性；施工过程模型结构按照单位工程、分部工程、单元或分项工程进行组织，对于土石方开挖回填模型、基础及主体结构混凝土模型按照材料进行二次拆分；运维模型结构则是按照工程运行功能单元或系统进行组织，应根据各项任务的进展逐步细化。

模型结构由资源数据、共享元素、专业元素组成，可按照不同需求形成子模型，模型与子模型应按照一定模型结构体系进行信息的组织和储存。通过不同途径获取的同一数据模型应具有唯一性，减少数据冗余。采用不同表达方式的模型数据应具有一致性，避免数据差异与逻辑矛盾。

### 3.4.1.3　模型命名

HydroBIM 信息模型及相关文件命名采用多级字段组合方式，根据模型创建内容选择包含相应级别，各字段之间以半角连字符"–"相连。例如工作集、明细表命名采用三级字段组合方式，视图、族构件命名采用多级字段组合方式，组命名采用两级字段组合方式。

## 3.4.2　HydroBIM 模型创建

### 3.4.2.1　模型软件

HydroBIM 模型创建需要根据 BIM 应用目标和范围选用具有基本功能的主流 BIM 软件平台，具有模型输入、输出、浏览或漫游等功能以及支持相应的专业应用，并可以对成果进行处理和输出等。考虑多平台数据融合困难的行业痛点，是否支持开放的数据交换标准也是模型创建软件选择的重要因素之一。

根据 HydroBIM 开展的具体范围、程度和内容，土建结构可选择以 Autodesk BIM 软件平台为主，钢结构可选择以 Tekla 软件平台为主，而已经部署其他主流 BIM 软件平台的参建单位可沿用已有平台。HydroBIM 运维模型可通过 BIM 管理平台软件进行轻量化处理形成。对于利用三维实景建模技术创建的模型，也可导入平台与其他模型进行组装合成。

### 3.4.2.2　模型创建基准

模型创建基准应包括基点、坐标系、标高与轴网，并设置项目坐标系与正北的偏转角。标高和轴网结合工程特点依次设置，模型基点选择轴线交点。土建结构类单位工程模型基点应设置为构筑物的关键特征点，在符合建筑组成特点和模型特征时可以设置自定义坐标系、相对坐标值和实际标高值创建模型。机电类单位工程模型、金属结构类和钢结构类单位工程模型应依据土建结构采用相对标高值创建。基点应设置为结构关键特征点，采用相对标高值创建。

### 3.4.2.3　建模方法

HydroBIM 建模应根据不同专业特点新建样板文件或在软件自带样板文件的基础上对项目单位、线型、线宽、线样式、注释、对象样式、填充、材质样式、图框图签等进行统一定制，形成水利水电工程标准样板文件。需要注意模型结构组成应符合水利水电工程特点和工作流程，按照模型拆分原则进行组织，并应满足模型应用需要。

模型创建过程中，先锁定标高与轴网。借助标准化构件插入、重用的建模方式创建工程模型。对于软件内置基本类型无法满足创建要求的异形模型体，应采用自定义构件的方式进行创建。

例如地形模型创建可采用导入点数据文件或三维等高线数据直接创建生成，也可采用其他方式独立生成再与工程模型合并。不同构件定位宜参照对应层标高且分层创建，从开始到点位用真实连接创建机电管路，进行不同单位工程模型组装应采用"自动-原点到原点"的方式实现。模型创建完成后，应按本书 3.4.3 节规定进行模型检查。

### 3.4.2.4　模型细度

创建设计模型可以利用前一阶段或前置任务的模型数据，通过增加、修改或细化模型元素等方式进行，需要按照统一的规则和要求，采用统一的坐标系和度量单位。当采用自定义坐标系时，通过坐标转换实现模型集成，其标识出的尺寸、位置信息应与外形参数具备关联性与一致性。

施工深化设计模型主要包括土建、钢结构、机电等模型元素，支持深化设计、专业协调、预制加工、技术交底等应用，需要包括支持施工模拟、施工交底、进度管理、质量管理、安全管理、合同管理、资金管理等应用的模型元素。

在满足应用需求的前提下，施工模型宜采用较低的模型细度。竣工验收模型宜基于施工过程模型并按照工程变更进行更新，附加或关联相关验收资料及信息，与工程项目物理交付实体一致。运维模型宜包括轻量化处理后的工程各类功能级模型元素，并附加或关联运营维护信息。模型元素几何表达精度应符合本书 3.5 节的规定。

对于模型元素颜色，需要对材质图形着色和外观进行规范定义。土建建筑结构沿用软件系统自带材质默认色彩；新建材质宜选用显示效果清晰、易与其他颜色区分的色彩；各类设备系统模型元素颜色应符合《建筑工程设计信息模型制图标准》（JGJ/T 448）的规定；赋予模型的材质名称应采用通用规范的中文名称和符合材质特点的贴图文件。

### 3.4.2.5 标准化元件

创建标准化元件应根据功能与专业类别，选择软件内置样板创建或选择通用样板自行创建，进行参数化设置时选择控制构件几何形状的主要特征值，并应该按照标准规定参数命名，以模型文件规定的格式创建与存储标准化元件。

标准化元件属性信息由几何信息与非几何信息组成。几何信息是包括尺寸、定位、空间拓扑关系等。非几何信息通常包含下列内容：

（1）基本信息：标准化元件名称、材料类型、截面型式、规格型号等。

（2）特征信息：特征数值、物理参数、功能与性能参数等。

（3）统计信息：所属系统类型、部位、数量等。

（4）生产信息：生产厂商、施工工艺等。

（5）自定义信息：材质、颜色、贴图等。

根据建模需要创建的标准化元件形成元件库进行统一管理，元件库汇总后形成总的标准化元件库。标准化元件库目录结构宜分为通用元件、专用元件并按专业类别进行分类存放管理。同时标准化元件文件分别保存通过校审与测试验证的版本，并定期更新维护。

### 3.4.3 HydroBIM 模型检查

### 3.4.3.1 检查内容

创建完成后需进行模型检查，包括正确性、完整性与合规性检查。模型由创建单位进行正确性和完整性检查达到要求后，由 BIM 管理平台方进行合规性检查。

模型正确性、完整性检查包括下列内容：

（1）模型与环境的相似性检查。

（2）模型整体完整性检查。

（3）模型坐标与高程正确性检查。

（4）模型外形及尺寸正确性检查。

（5）模型结构和组成的正确性及协调一致性检查。

（6）模型是否包含不完整的结构。

（7）模型是否存在重复或重叠。

（8）设定规则的模型碰撞检测。

（9）模型属性信息正确性检查。

（10）土石方开挖及回填工程量、基础及主体结构混凝土工程量、设备及机电管网工程量统计正确性检查。

（11）专业接口信息检查。

（12）模型是否按照工程变更全部更新。

（13）模型是否与工程项目物理交付实体一致。

经正确性和完整性检查后的模型数据需要确定：模型数据为最新版本，定位准确，与环境匹配，完整性与外形尺寸符合相关图纸要求，满足施工需求。模型结构和组成正确，无不完整的结构，无重复和重叠现象。模型碰撞检测满足设定的规则要求，专项工程量统计值与合同值无大的偏差。模型专业接口信息正确并能包含工程变更的内容，与工程项目交付实体一致。

模型合规性检查包括下列内容：

（1）模型坐标和高程合规性检查。

（2）模型拆分合理性检查。

（3）模型细度检查。

（4）模型赋予色号检查。

（5）文件和族构件命名与分类编码合规性检查。

（6）模型是否满足交付标准要求。

经合规性检查后的模型数据中的模型坐标和高程符合相关规定，模型拆分符合项目单元划分结构，模型细度、模型整体要求符合《水利水电工程设计信息模型交付标准》（T/CWHIDA 0006）的规定，模型分类与编码符合《水利水电工程信息模型分类和编码标准》（T/CWHIDA 0007）的规定。

### 3.4.3.2　检查方法

针对不同的模型检查内容采用软件内置的常用检查工具和命令，例如测量工具，精确测量和检查模型坐标、高程、尺寸、间距等数值；面积、体积测量工具，精确测量模型结构的特征数据；属性工具，直接查询模型结构的特征数据；视图工具，从平面、立面、剖面固定视角检查模型的特征；剖切工具，从任意剖切方向动态连续检查模型的特征；碰撞检测工具，检测模型间的重叠、交叉等冲突关系以及间隔是否满足空间要求等，并生成检查报告；图纸工具，通过生成的关键性二维图纸检查模型的特征；明细表工具，通过定制生成的明细表辅助检查模型的特征；渲染漫游工具，通过渲染工程场景和漫游体验模型环境的正确性。

模型合规性检查宜在 BIM 管理平台定制环境中进行，并在模型检查完成后生成模型检查报告。由模型创建人承担完成模型数据修改，经检查后的模型数据在正确性、完整性、合规性方面应与要求无偏差。图 3.4－1 为 Hydro-BIM 模型碰撞检查示例。

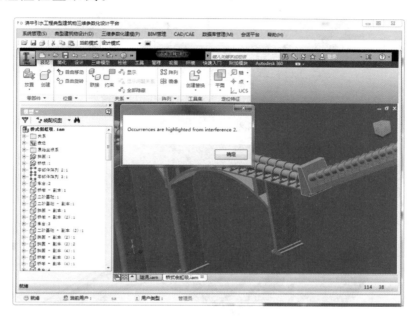

图 3.4－1 HydroBIM 模型碰撞检查示例

### 3.4.4 HydroBIM 模型成果出图

基于施工深化设计模型应输出相应的二维图和必要的三维视图，基于施工过程模型和竣工模型宜输出三维视图。二维图宜包含平面图、各向视图、剖面图、节点详图等；三维视图宜包含全局视图、特定视角视图、局部放大视图等。图纸和视图均应基于水利水电工程标准样板文件统一输出。

根据深化设计工程部位特点，宜采用三维视图作为复杂节点的主要表达方式，二维图辅助表达。需要注意的是二维图及三维视图均应直接由三维模型生成，并根据施工应用需要添加必要的注释信息。

二维图及三维视图均应与模型保持关联关系，在模型更新后自动更改获取新的图纸及视图，更新的图纸需要在图签上方补充版本更新说明，模型出图同时符合行业标准《建筑工程设计信息模型制图标准》（JGJ/T 448）的规定，可以根据不同需要输出三维彩色视图。图 3.4－2 为 HydroBIM 模型成果出图示例。

### 3.4.5 HydroBIM 模型管理

水利水电工程按合约要求创建并通过检查后的工程信息模型文件，应通过

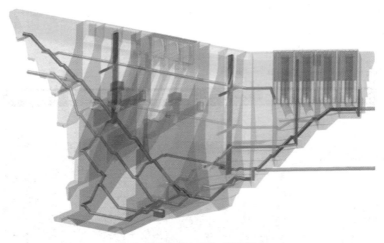

（a）坝体透视＋廊道三维视图

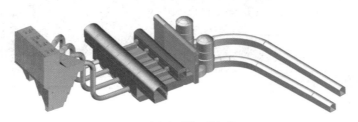

（b）引水发电系统三维视图

图 3.4-2 **HydroBIM 模型成果出图示例**

BIM 管理平台统一入口定期上传至平台服务器进行合规性审查，经合规性审查后的模型文件由 BIM 管理平台方统一进行权限设置、发布和管理，HydroBIM 整体模型由 BIM 管理平台方进行组装和发布。

上传模型文件格式应为原厂文件格式，模型创建过程依据的地形数据文件、图纸文件、文档文件、多媒体文件等也应同步上传，必要时允许上传模型通用格式文件。上传模型文件需要包括文件名称、创建者与更新者、创建和更新时间、所使用的软件与版本，以及软硬件环境等可追溯和重现的信息。

模型数据应分置于不同层级的文件夹中，本地一级文件夹命名应包含工程信息模型类型和描述信息等字段，各字段之间以半角下划线"_"相连。本地二级文件夹命名和结构应符合下列规定：

（1）工作文件夹：存放正在进行工作的数据文件。

（2）共享文件夹：存放已被认可和互用的有效数据文件。

（3）出版文件夹：存放已被 BIM 管理平台方认可的有效整体交付数据文件，可作为阶段性有效成果。

（4）存档文件夹：存放已认可且不再更改的有效数据文件。

（5）外部参考文件夹：存放建模过程中用于参考的外部数据资源文件。

（6）资源库文件夹：存放建模过程中使用的资源数据，包括族构件库、材质库和技术标准等共享资源文件。

工程信息模型共享通过规定的角色权限进行管理控制，且用于共享的模型元素应能被唯一识别，满足相关方协同工作的需要，支持查看、获取、应用和更新信息。

## 3.5　HydroBIM 交付标准

HydroBIM 信息模型所包含的信息以及交付物应符合工程项目的使用需求，而工程项目的使用需求与工程性质、阶段、目的有关。HydroBIM 交付标准可用来规范水利水电工程设计信息模型交付，提高水利水电工程信息模型的应用水平，充分考虑工程性质，切实满足工程项目的实际需求，在模型的创建、交付设计信息以及各参与方之间信息传递的过程中发挥重要作用。

### 3.5.1　HydroBIM 信息模型交付基本规定

设计模型交付按合约规定进行，包括交付准备、交付物、交付等方面的内容。设计模型交付可分为设计阶段的交付和面向应用的交付。设计阶段的交付应满足各设计阶段设计深度的要求，面向应用的交付应包括工程全生命期内基于设计模型的各项应用。在交付过程中，应根据设计信息建立设计模型，并输出交付物，工程各参与方应基于协调一致的交付物进行协同。

交付物应当采用符合国家、行业现行有关标准或能够转换成符合国家、行业现行有关标准的文件格式，以利于信息交换共享和归档保存并采用数据库的方式集中管理并设置数据访问权限，在归档时应符合《电子文件归档与电子档案管理规范》（GB/T 18894）的相关规定，且交付物应具有时效性以满足设计模型应用需求。

HydroBIM 模型及其交付物的命名需要简明且易于辨识，HydroBIM 信息模型单元及属性的命名使用汉字、英文字符、数字、半角下划线 "_" 和半角连字符 "–" 的组合；字段内部组合宜使用半角连字符 "–"，字段之间宜使用半角下划线 "_" 分隔；各字符之间、符号之间、字符与符号之间均不留空格。

电子文件夹或数据库的名称宜由顺序码、项目简称、分区或系统、设计阶段、文件夹类型和描述依次组成，以半角下划线 "_" 隔开，字段内部的词组宜以连字符 "–" 隔开，并宜符合规定：①顺序码宜采用文件夹管理的编码，可自定义；②项目简称宜采用识别项目的简要称号，可采用英文或拼音，项目简称不宜空缺；③分区或系统应简述项目子项、局部或系统，应使用汉字、英文字符、数字的组合；④文件夹类型宜符合表 3.5-1 的规定；⑤用于进一步说明文件夹特征的描述信息可自定义。

表 3.5-1 文 件 夹 类 型

| 文件夹类型 | 文件夹类型（英文） | 内含文件主要适用范围 |
|---|---|---|
| 工作中 | Work In Progress（可简写为 WIP） | 仍在设计中的设计文件 |
| 共享 | Shared | 专业设计完成的文件，但仅限于工程参与方内部协同 |
| 出版 | Published | 已经设计完成的文件，用于工程参与方之间的协同 |
| 存档 | Archived | 设计阶段交付完成后的文件 |
| 外部参考 | Incoming | 来源于工程参与方外部的参考性文件 |
| 资源 | Resources | 应用在项目中的资源库中的文件 |

电子文件的名称宜由项目编号、项目简称、模型单元简述、专业简称、描述依次组成，以半角下划线"_"隔开，字段内部的词组宜以半角连字符"-"隔开，并宜符合规定：①项目编号宜采用项目管理的数字编码，无项目编码时宜以"000"替代；②项目简称宜采用识别项目的简要称号，可采用英文或拼音，项目简称不宜空缺；③模型单元简述宜采用模型单元的主要特征的简要描述；④专业简称宜符合表 3.5-2 的规定，当涉及多专业时可并列所涉及的专业；⑤用于进一步说明文件夹特征的描述信息可自定义。

表 3.5-2 专 业 简 称

| 专业（中文） | 专业（英文） | 专业简称（中文） | 专业简称（英文） |
|---|---|---|---|
| 规划 | Planning | 规 | PL |
| 水文 | Hydrology | 水文 | H |
| 测绘 | Surveying and Mapping | 测 | SM |
| 勘察 | Investigation | 勘 | V |
| 地质 | Geology | 地 | G |
| 水工结构 | Hydraulic Structure | 水工 | HS |
| 监测 | Monitoring | 监 | MO |
| 金属结构 | Metal Structure | 金结 | MS |
| 水力机械 | Hydraulic Machinery | 水机 | HM |
| 电气一次 | Electrical Primary | 一次 | EP |
| 电气二次 | Electrical Secondary | 二次 | ES |
| 通信工程 | Communication Engineering | 通信 | CE |

| 专业（中文） | 专业（英文） | 专业简称（中文） | 专业简称（英文） |
|---|---|---|---|
| 消防 | Fire Protection | 消 | FP |
| 建筑 | Architecture | 建 | A |
| 结构 | Structure Engineering | 结 | S |
| 给排水 | Plumbing Engineering | 水 | P |
| 暖通工程 | Mechanical | 暖 | M |
| 景观 | Landscape | 景 | L |
| 交通 | Traffic | 交 | T |
| 施工 | Construction | 施 | C |
| 移民安置 | Resettlement Arrangement | 移安 | RA |
| 环境工程 | Environmental Engineering | 环 | EE |
| 水土保持工程 | Water and Soil Conservation Engineering | 水保 | WSC |
| 生态工程 | Ecological Engineering | 生 | ECE |
| 经济 | Economics | 经 | EC |
| 管理 | Management | 管 | MT |
| 采购 | Procurement | 采购 | PC |
| 招投标 | Bidding | 招投标 | BI |
| 其他专业 | Other Disciplines | 其他 | X |

另外对设计模型的电子文件夹和文件，在交付过程中均应进行版本管理，并在命名字段中体现。进行文件的版本管理时，对于设计阶段交付，需要写明设计阶段的名称；面向应用交付时，应写明所有正在进行或已经完成的应用需求。同一设计阶段或面向同一应用需求多次交付时，文件夹和文件版本应在标识中添加版本号，版本号宜用英文字母 A～Z 结合数字依次表示。文件夹的版本管理在文件夹类型字段中表示。

例如：在设计阶段的交付中，交付物文件所在的文件夹类型为出版；交付完成后，设计模型及交付物宜根据设计阶段分别存档管理，全部文件所在的文件夹类型为存档。在面向应用的交付中，交付物文件所在的文件夹类型为共享；交付完成后，设计模型及交付物宜根据应用类别分别存档管理，全部文件所在的文件夹类型为存档。

### 3.5.2 HydroBIM 交付准备

设计模型由模型单元组成，交付过程以模型单元作为基本操作对象。模型单元应以几何信息和属性信息描述工程对象的设计信息，可使用二维图形、文字、文档、多媒体等补充和增强表达设计信息，当模型单元的几何信息与属性信息细度不一致时，优先采信属性信息。设计模型交付准备过程中，应根据需求、执行计划、交付深度、交付物形式要求确定模型单元分级和选取适宜的模型精细度，并根据设计信息输入模型内容。

设计模型单元分级及精细度有不同要求，所包含的模型单元应分级建立，可嵌套设置，分级应符合表 3.5－3 的规定。HydroBIM 模型单元分级示意如图 3.5－1。

表 3.5－3　　　　　　　　　　　模 型 单 元 的 分 级

| 模 型 单 元 | 模 型 单 元 用 途 |
| --- | --- |
| 项目级模型单元 | 承载项目、子项目或局部工程信息 |
| 功能级模型单元 | 承载完整功能的系统或空间信息 |
| 构件级模型单元 | 承载单一的构配件信息 |
| 零件级模型单元 | 承载从属于构配件的组成零件或安装零件信息 |

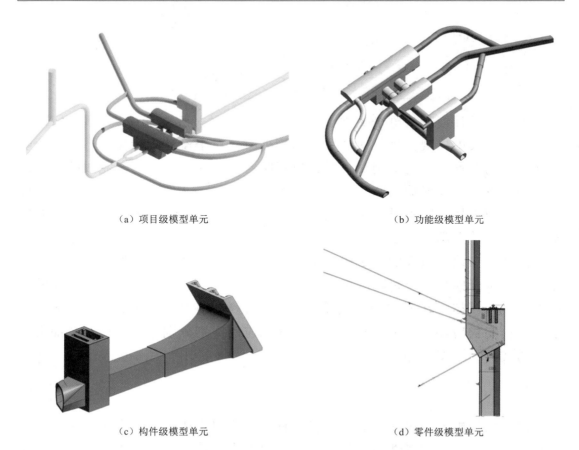

（a）项目级模型单元　　　　　　　　　　（b）功能级模型单元

（c）构件级模型单元　　　　　　　　　　（d）零件级模型单元

图 3.5－1　HydroBIM 模型单元分级示意图

设计模型包含的最小模型单元应由模型精细度等级衡量。模型精细度基本等级的划分应符合表 3.5-4 的规定。根据工程项目的应用需求，可在基本等级之间扩充模型精细度等级。

表 3.5-4　　　　　　　　　　模型精细度基本等级的划分

| 等　级 | 英　文　名 | 代号 | 所包含的最小模型单元 |
|---|---|---|---|
| 1.0 级模型精细度 | Level of Model Definition 1.0 | LOD1.0 | 项目级模型单元 |
| 2.0 级模型精细度 | Level of Model Definition 2.0 | LOD2.0 | 功能级模型单元 |
| 3.0 级模型精细度 | Level of Model Definition 3.0 | LOD3.0 | 构件级模型单元 |
| 4.0 级模型精细度 | Level of Model Definition 4.0 | LOD4.0 | 零件级模型单元 |

水利工程设计阶段交付和竣工移交的模型单元的模型精细度有不同要求：①项目建议书阶段模型精细度等级不宜低于 LOD1.0；②可行性研究阶段模型精细度等级不宜低于 LOD2.0；③初步设计阶段模型精细度等级不宜低于 LOD3.0；④招标设计阶段模型精细度等级不宜低于 LOD3.0；⑤施工图设计阶段模型精细度等级不宜低于 LOD4.0；⑥竣工移交模型精细度等级不宜低于 LOD4.0。

水电工程设计阶段交付和竣工移交的模型单元模型精细度有不同要求：①预可行性研究阶段模型精细度等级不宜低于 LOD2.0；②可行性研究阶段模型精细度等级不宜低于 LOD3.0；③招标设计阶段模型精细度等级不宜低于 LOD3.0；④施工图设计阶段模型精细度等级不宜低于 LOD4.0；⑤竣工移交模型精细度等级不宜低于 LOD4.0。

设计模型内容包含模型单元几何信息及几何表达精度、模型单元属性信息及信息深度、属性值数据来源。

（1）模型单元几何信息及几何表达精度。不同的模型单元可选取不同的几何表达精度，应选取适宜的几何表达精度呈现模型单元几何信息，在满足设计深度和应用需求的前提下，应选取较低等级的几何表达精度。几何表达精度的等级划分应符合表 3.5-5 的规定。

表 3.5-5　　　　　　　　　几何表达精度的等级划分

| 等　级 | 英　文　名 | 代号 | 几何表达精度要求 |
|---|---|---|---|
| 1 级几何表达精度 | Level 1 of Geometric Detail | G1 | 满足二维化或符号化识别需求的几何表达精度 |
| 2 级几何表达精度 | Level 2 of Geometric Detail | G2 | 满足空间占位、主要颜色等粗略识别需求的几何表达精度 |

| 等　　级 | 英文名 | 代号 | 几何表达精度要求 |
|---|---|---|---|
| 3 级几何表达精度 | Level 3 of Geometric Detail | G3 | 满足建造安装流程、采购等精细识别需求的几何表达精度 |
| 4 级几何表达精度 | Level 4 of Geometric Detail | G4 | 满足高精度渲染展示、产品管理、制造加工准备等高精度识别需求的几何表达精度 |

（2）模型单元属性信息及信息深度。应选取适宜的信息深度体现模型单元属性信息，属性宜包括中文字段名称、编码、数据类型、数据格式、计量单位、值域、约束条件。交付表达时，应至少包括中文字段名称、计量单位。属性值应根据设计阶段的发展而逐步完善，且应符合唯一性和一致性原则：唯一性即属性值和属性应一一对应，在单个应用场景中属性值应唯一；一致性即同一类型的属性、格式和精度应一致。

模型单元信息深度等级的划分应符合表 3.5-6 的规定。

表 3.5-6　　　　　　　　　　模型单元信息深度等级的划分

| 等　　级 | 英　文　名 | 代号 | 等　级　要　求 |
|---|---|---|---|
| 1 级信息深度 | Level 1 of Information Detail | N1 | 宜包含模型单元的身份描述、项目信息、组织角色等信息 |
| 2 级信息深度 | Level 2 of Information Detail | N2 | 宜包含和补充 N1 等级信息，增加实体组成及材质、性能或属性等信息 |
| 3 级信息深度 | Level 3 of Information Detail | N3 | 宜包含和补充 N2 等级信息，增加生产信息、安装信息 |
| 4 级信息深度 | Level 4 of Information Detail | N4 | 宜包含和补充 N3 等级信息，增加资产信息和维护信息 |

（3）属性值数据来源。属性值数据来源分类宜符合表 3.5-7 的要求。

表 3.5-7　　　　　　　　　　属性值数据来源分类

| 数据来源 | 英　　文 | 简称 | 英文简称 |
|---|---|---|---|
| 业主 | Owners | 业主 | OW |
| 规划 | Planers | 规划 | PL |
| 勘察 | Surveyers | 勘察 | SV |
| 设计 | Designers | 设计 | DS |

| 数据来源 | 英　文 | 简称 | 英文简称 |
|---|---|---|---|
| 审批 | Commissionings | 审批 | CM |
| 总承包 | Gerneral Contractors | 总包 | GC |
| 分包 | Sub－contractors | 分包 | SC |
| 工程管理 | Project Managers | 工管 | PM |
| 资产管理 | Asset Managers | 资管 | AM |
| 软件 | Softwares | 软件 | SW |

### 3.5.3　HydroBIM 交付物

　　水利水电工程各参与方应根据设计阶段要求和应用需求，基于设计模型形成交付物。对于交付物的代号和完整度，满足项目阶段性需求。交付物的代号及类别应满足表 3.5-8 的要求。

表 3.5-8　　　　　　　　　　交付物的代号及类别

| 代号 | 交付物的类别 | 代号 | 交付物的类别 |
|---|---|---|---|
| D1 | 设计模型及其浏览 | D4 | 设计模型变更表 |
| D2 | 工程图纸 | D5 | 交付数据包 |
| D3 | 工程特性表和工程量清单 |  |  |

　　水利工程和水电工程交付物应满足表 3.5-9 和表 3.5-10 的要求。

表 3.5-9　　　　　　　　　　水 利 工 程 交 付 物

| 代号 | 交付物的类别 | 项目建议书阶段 | 可行性研究阶段 | 初步设计阶段 | 招标设计阶段 | 施工图设计阶段 | 竣工移交 | 面向应用的交付 |
|---|---|---|---|---|---|---|---|---|
| D1 | 设计模型及其浏览 | ▲ | ▲ | ▲ | ▲ | ▲ | ▲ | ▲ |
| D2 | 工程图纸 | △ | △ | △ | ▲ | ▲ | ▲ | △ |
| D3 | 工程特性表和工程量清单 | — | △ | ▲ | ▲ | ▲ | ▲ | △ |
| D4 | 设计模型变更表 | — | △ | ▲ | ▲ | ▲ | ▲ | △ |
| D5 | 交付数据包 | — | — | — | — | — | ▲ | ▲ |

注　表中▲表示应具备，△表示宜具备，—表示可不具备。

表 3.5 – 10　　　　　　　　　　　　水 电 工 程 交 付 物

| 代号 | 交付物的类别 | 预可行性研究阶段 | 可行性研究阶段 | 招标设计阶段 | 施工图设计阶段 | 竣工移交 | 面向应用的交付 |
|---|---|---|---|---|---|---|---|
| D1 | 设计模型及其浏览 | ▲ | ▲ | ▲ | ▲ | ▲ | ▲ |
| D2 | 工程图纸 | △ | △ | ▲ | ▲ | ▲ | △ |
| D3 | 工程特性表和工程量清单 | △ | ▲ | ▲ | ▲ | ▲ | △ |
| D4 | 设计模型变更表 | △ | ▲ | ▲ | ▲ | ▲ | △ |
| D5 | 交付数据包 | — | — | — | — | ▲ | △ |

**注**　表中▲表示应具备，△表示宜具备，—表示可不具备。

### 3.5.3.1　设计模型及其浏览

设计模型是承载设计信息的载体，应包含设计阶段交付所需的全部设计信息，表达方式及其衍生品宜包括模型视图、表格、文档、图像、点云、多媒体及网页，并应具有关联访问关系，其创建应符合《水利水电工程信息模型设计应用标准》（T/CWHIDA 0005）的规定。设计模型应可索引其他类别的交付物，在交付时应一同交付，并确保索引路径有效。设计模型交付物示例如图 3.5 – 2 所示。

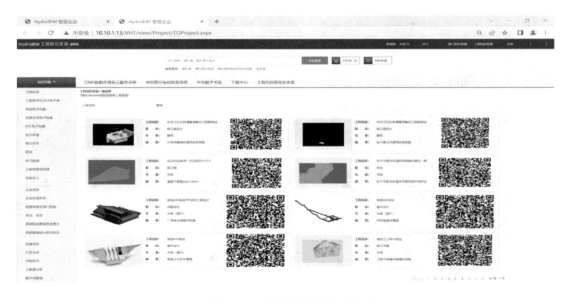

图 3.5 – 2　设计模型交付物示例

设计模型应保留原有的数据格式，也可采用 BIM 建模软件的专有数据格式，设计方宜提供几种通用的、轻量化的数据格式，便于在设计交付中浏览、查询以及综合应用，基于设计模型所产生的其他各应用类型的交付物都是最终的交付物，应采用标准的、通用的数据格式。

应对浏览模型及其创建的室外效果图、场景漫游、交互式实时漫游、虚拟现实系统、对应的展示视频文件等可视化成果作出规定。

### 3.5.3.2 工程图纸

工程图纸应基于设计模型的视图和表格加工而成。在制作工程图纸时，各阶段的工程图纸应符合国家、行业及现行的图纸标准，且图纸内容要和模型中的设计信息保持一致。模型中应保留对应的图纸视图，要做到工程图纸和设计模型相关联。模型精度应符合前述规定，图纸的制图深度也要与设计模型相匹配。基于设计模型的视图和表格加工而成的平面图、立面图、剖面图以及三维视图的命名和编码应统一。电子工程图纸文件应能索引其他交付物，交付时应一同交付，并确保索引路径有效。工程图纸交付物示例如图3.5-3所示。

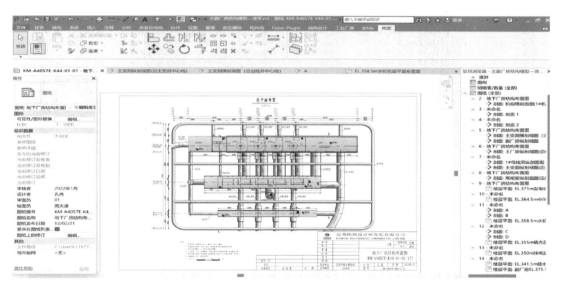

图 3.5-3 工程图纸交付物示例

### 3.5.3.3 工程特性表和工程量清单

工程特性表和工程量清单应基于设计模型导出。工程特性表应包括项目简述、工程特性表应用目的、工程特性名称及编码、工程特性值。工程量清单应包含项目简述、模型工程量清单应用目的、模型单元工程量及编码。工程特性表和工程量清单交付物示例如图3.5-4所示。

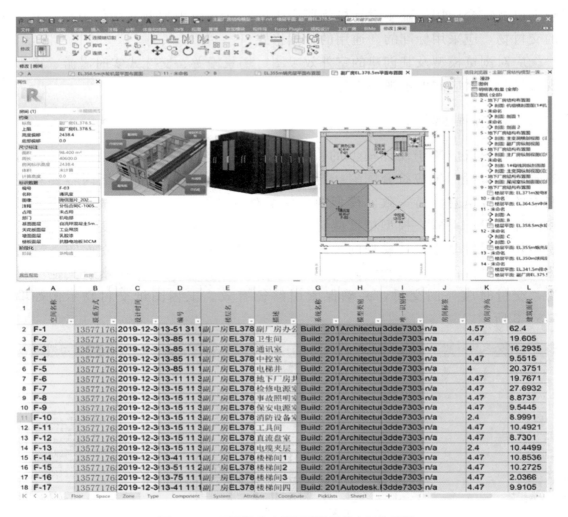

图 3.5-4 工程特性表和工程量清单交付物示例

### 3.5.3.4 设计模型变更表

设计模型变更表应包括设计模型变更流程、变更时间及变更内容，应对设计模型变更表的内容及形式作出规定，明确相对于上一阶段或版本交付的设计模型、模型版本相关信息、变更的模型单元相关信息等。

### 3.5.3.5 交付数据包

设计模型的交付宜以数据包整体交付。交付数据包是工程多数据格式的集成，按照阶段交付要求，应包括设计模型、工程图纸、工程特性表、设计模型变更表及其他设计数据包，且数据包内数据之间应具有多关联关系，交付后关联关系不应丢失。此外还需要其他设计数据，具体包括碰撞检测报告、设计通知单、设备厂家资料、各设计阶段重要会议纪要等，确保数据完整性、关联性、全面性。

### 3.5.4 HydroBIM 交付物的交付

HydroBIM 交付物的交付过程中，需要根据设计阶段要求或应用需求确定设计模型交付深度和对交付物进行选取。设计模型交付时间可分为渐进交付和一次性交付，应在项目/应用需求书中予以明确。设计阶段和面向应用的交付宜采用渐进交付。应对渐进交付的频率予以明确。竣工移交时宜采用一次性交付，应明确工程竣工后或投产前多少个工作日进行正式移交，在正式移交前应进行试交付。

#### 3.5.4.1 交付方式

通常的交付方式有以下 5 种：

（1）建设方/应用方已有信息平台，各参与方直接向该平台交付。

（2）设计方实施一个议定的交付平台，并将交付平台连同其中所有信息都移交给建设方/应用方。此方式适用于设计方没有选定的信息平台，而建设方/应用方也没有既定的信息平台。

（3）设计方利用其内部平台汇集数据并建立一个新的交付平台，并在工程结束时移交平台及信息。此方式适用于设计方已有相应的信息平台，而建设方/应用方没有的情况。

（4）设计方使用其内部平台汇集数据，然后把交付物移交给建设方/应用方，再将数据导入建设方/应用方既有的平台。

（5）设计方将交付物数据通过电子传输或者使用介质交付给建设方/应用方。

#### 3.5.4.2 设计阶段的交付

设计阶段的交付宜包括项目需求定义、交付物实施和交付物交付三个阶段。

（1）在项目需求定义阶段，项目需求定义应由建设方完成，并应形成项目需求书交付设计方。项目需求书包括项目地点、规模、类型，项目坐标及高程等项目概要；根据基本建设程序分阶段确定的应用目标；项目参与方协同方式、数据存储和访问方式、数据访问权；设计模型的应用需求与权属、项目参与方协同方式、数据存储和访问方式、数据访问权限以及交付物类别和格式、交付方式和时间。

（2）在交付物实施阶段，由设计方根据项目需求书制定交付执行计划，之后按交付执行计划建立交付物。交付执行计划应包含项目简述、项目中涉及的设计模型属性信息命名、分类和编码，以及所采用的标准名称和版本；设计模型的模型精细度说明与模型单元的几何信息表达精度和信息深度；交付的定义、总体目标、组织结构以及各参与方在交付工作中的目标、原则、范围、责任；结合工程实际说明各阶段、各参与方相关交付物的维护和管理需要使用的交付平台；最后是交付计划、交付质量的控制方法和验收标准相关的规定、要求及标准，包括合约及采购要求、法律法规要求等。

（3）在交付物交付阶段，由建设方和设计方共同完成。设计方应对不符合验收要求的交付物进行修改，并将修改后的交付物及修改说明提供给建设方；同时根据项目需求书向建设方提供交付物，在交付前应对设计模型、工程图纸、工程特性表及工程量清单的一致性做检查。建设方应对交付物进行审核，主要是对交付物完整性审核、模型精细度审核、信息一致性审核、模型合规性审核以及链接有效性审核。

### 3.5.4.3 面向应用的交付

面向应用的交付应包括应用需求定义、交付物实施和交付物交付。

（1）应用需求定义。应用需求定义应由应用方完成，应根据应用目标确定应用类别。主要应用类别宜符合表 3.5-11 的要求，应用方包含但不限于表中所列，表中未列出的应用类别可自定义，并写明全部应用目标，根据应用类别制定应用需求书，交付设计方。

表 3.5-11　　　　　　　主 要 应 用 类 别

| 应用方 | 应用类别 | 应 用 目 标 |
|---|---|---|
| 设计方 | 性能化分析 | 各阶段有关建筑能耗、安全、使用性能的模拟 |
| | 设计效果表现 | 表达设计思想的视觉效果 |
| | 冲突检测 | 不同模型单元的空间冲突检测和消除 |
| | 管线综合 | 对给排水、暖通空调、电气、消防等进行统一的空间排布，在满足设备安装要求的基础上优化空间布局 |
| | 其他 | 其他 |
| 投资方 | 项目审批 | 项目基本建设程序中的各个审批环节 |
| | 投资管理 | 项目基本建设程序中的投资管理 |
| | 招投标 | 项目基本建设程序中的各类招标和投标环节 |
| | 其他 | 其他 |
| 建设方 | 施工组织深化 | 项目建造过程中，关于施工作业的组织 |
| | 质量管理深化 | 项目建造过程中的质量管理 |

| 应用方 | 应用类别 | 应用目标 |
|---|---|---|
| 建设方 | 成本管理深化 | 项目建造过程中的成本管理 |
| | 进度管理深化 | 项目建造过程中的进度管理 |
| | 设备采购 | 机电设备的采购 |
| | 其他 | 其他 |
| 运行维护方 | 资产管理 | 建筑物及机电设备的资产管理 |
| | 运营和维护 | 建筑物及机电设备的运营和维护 |
| | 其他 | 其他 |
| 施工方 | 设计方案检查 | 设计方案的合理性检查 |
| | 施工管理优化 | 施工进度的合理优化调整 |
| | 其他 | 其他 |
| 监理方 | 投资控制 | 监督项目基本建设程序中的投资管理 |
| | 质量控制 | 监督项目建造过程中的质量管理 |
| | 进度控制 | 监督项目建造过程中的进度管理 |
| | 信息、合同管理 | 监督项目建造过程中的信息、合同管理 |
| | 其他 | 其他 |
| 设备供应方 | 设备生产 | 项目建造过程中需定制设备的生产 |
| | 其他 | 其他 |
| 融资方 | 设计效果表现 | 表达设计思想的视觉效果 |
| | 其他 | 其他 |
| 政府方 | 投资控制 | 各项目设计和建造过程中的成本管理 |
| | 信息管理 | 各项目建造过程中的信息统计与处理 |
| | 质量控制 | 监督项目建造过程中的质量 |
| | 其他 | 其他 |
| 其他方 | 其他 | 其他 |

（2）交付物实施。交付物实施应由设计方完成，根据应用需求文件制定交付执行计划，交付执行计划应符合前述设计阶段交付中对于交付执行计划的要求，根据交付执行计划建立设计模型。

（3）交付物交付。交付物交付应由应用方和设计方共同完成，设计方应根据应用需求书向应用方提供交付物，应用方应复核交付物及其提供的信息，并应提取所需的模型单元形成应用数据集。

应用方可根据设计模型的设计信息创建应用模型。在创建和使用应用模型时，不应修改设计信息；设计信息的修改应由设计方完成，并应将修改信息提供给应用方。

交付物交付后，应结合面向应用的需求，进行交付物完整性审核、模型精细度审核、信息一致性审核、模型合规性审核、链接有效性审核，即：审核交付物是否齐全及模型单元类型是否完整，对交付物完整性进行审核；对模型的几何表达精度和信息深度是否满足应用需求进行审核；对照交付物的不同表现形式，审核其数据、信息是否一致；对信息模型各专业建模方式、模型单元组合方式、模型表达方式等进行审核；应基于信息模型对交付物的所有文件链接、信息链接的有效性进行审核。

## 3.6　HydroBIM 应用标准

HydroBIM 应用规范模型交付后的应用过程，统一信息模型建设与应用的基本要求，推进水利水电工程数字化设计与信息化建设的实施，提高信息应用效率和效益。HydroBIM 应用需要根据工程项目实际情况，对水利水电工程信息模型在工程建设全生命周期或某一阶段、环节应用，确保模型的创建与应用既能结合工程实践，又能满足国家现行有关标准规范的规定。

### 3.6.1　HydroBIM 应用基本规定

水利水电工程项目应结合工程实际需求，在建设及管理的过程中应用信息模型，实现水利水电工程项目各相关方的协同工作、信息共享。水利水电工程信息模型应用时可建立模型创建、模型应用、模型交付等信息模型技术要求和管理体系，确保模型的创建、使用和管理及模型数据的传递和共享满足信息模型应用并符合工程建设要求。

明确 HydroBIM 模型建设目标，以及其覆盖及支撑的过程，进行模型软件的选择和其应具备的功能。模型应用阶段可以贯穿建设工程全寿命期，也可根据工程实际情况在某一阶段或环节内应用，还需组织专门的模型应用管理，以保证模型应用不偏离模型应用策划和工程建设实际，并应符合国家相关标准和管理流程的规定。在开展模型应用实施前，应开展模型应用策划及顶层设计。信息模型需要真实反映工程建设的设计信息、施工信息。根据工程建设过程中的需求进行动态更新，设计信息模型与施工信息模型形成互相反馈、互相影响的有机整体，有效提升水利水电工程总承包项目的工程质量，缩短建设周期，降低工程费用。模型创建、使用和管理过程中，应采取措施保证信息安全。交付信息模型应规定模型成果的所有权和使用权。建模软件宜具有查验模型是否符合我国相关工程建设标准的功能。

信息模型应用策划过程要明确项目级模型应用分阶段目标以及应用范围和各阶段模型应用场景，对参建各方人员组织架构、相应职责和不同主体间工作关系和协同方式给出策划方案。针对模型应用流程，先确定项目级各阶段模型的创建、使用和管理要求，以及信息交换要求、模型质量控制要求和信息安全要求，最后确定项目级各阶段模型应用成果以及所需要的项目级软硬件基础条件。

信息模型的应用流程分为整体流程和分项流程两个层次。整体流程应描述不同模型应用之间的逻辑关系、信息交换要求及责任主体等。分项流程应描述模型应用的详细工作顺序、参考资料、信息交换要求及每项任务的责任主体等。应用流程在形式上包含模型和图纸为载体的实物流程和以数据为载体的信息流程。需要明确：

（1）模型应用的范围和内容。

（2）借助模型应用流程图等形式表现模型应用过程。

（3）模型应用过程中的信息交换要求。

（4）沟通途径以及技术和质量保障措施等模型应用的基础条件。

模型应用管理过程则需要工程项目相关方明确模型应用的工作内容、技术要求、工作进度、岗位职责、人员及设备配置等，应建立模型应用协同机制，制订模型质量控制计划，实施模型应用过程管理，宜结合模型应用阶段目标及最终目标展开验证，对模型应用效果进行定性或定量评价，并总结实施经验，提出改进措施。模型质量控制措施包括模型与工程项目的符合性检查，不同模型元素之间的相互关系检查，模型与相应标准规定的符合性检查，模型信息的符合性和完整性检查。

### 3.6.2 设计阶段 HydroBIM 应用

在设计阶段应用 BIM 技术能够提高设计效率和质量，缩短设计周期，提高设计水平。设计阶段 BIM 应用以三维协同设计为核心，通过建立的标准化 BIM 应用流程，进行多专业协同、参数化设计、仿真分析、碰撞检查、可视化展示等应用，实现更有效的设计协同管理、取得更优的设计成果，并为施工、运营阶段提供基础数据。

#### 3.6.2.1 应用目标

BIM 应用随着设计阶段的加深，层层递进。BIM 技术的应用涵盖设计的全专业、全过程，包括测绘、地质、水工、机电、施工、监测、移民、环保等专业在规划、可行性研究、预可行性研究、初步设计、施工图设计阶段的应用。

（1）规划阶段应用的主要目标包括：①空间、场址规划；②土地利用、交通规划、交通影响模拟；③规划方案比较、展示、评审、策划；④规划目标可视化。

（2）可行性研究阶段应用的主要目标包括：①可行性研究方案比较与决策；②方案可视化展示；③技术路线验证；④工程投资估算；⑤基地现况建模、现地条件模拟；⑥可持续发展评估。

（3）初步设计阶段应用的主要目标包括：①各专业三维协同设计；②初设方案可视化展示、比较与决策；③设计优化含碰撞检查、净空分析等；④工程量统计与投资概算；⑤工程分析与仿真含结构分析、水力学分析、能耗分析等；⑥进度规划与模拟。

（4）施工图设计阶段应用的主要目标包括：①各专业三维协同设计；②二维图纸输出；③设计方案三维可视化交底；④施工图设计优化；⑤工程量与材料清单统计；⑥工程投资预算；⑦工程分析与仿真；⑧进度规划与模拟。

### 3.6.2.2　应用流程

设计阶段 BIM 应用是通过共享和协作的工作模式，进行设计应用与数据的集成。BIM 应用流程主要包括 BIM 准备、各专业 BIM 协同设计、BIM 成果交付等步骤，详细应用流程如图 3.6-1 所示。

### 3.6.2.3　应用范围

设计模型应用主要包括以下几个方面：

（1）测绘专业设计阶段模型应用，主要包括断面测量、地形测量、水下地形测量、遥感地形测量（低空无人机、航空、航天、地面激光扫描）、变形监测等。

（2）地质专业设计阶段模型应用，主要包括基本地质条件分析、测试成果分析、工程地质分类、岩体质量分级和勘探布置等。

（3）水工专业设计阶段模型应用，主要包括枢纽布置设计及优化、边坡开挖设计及优化、结构计算与仿真分析和三维可视化交底等。

（4）机电专业设计阶段模型应用，主要包括设备选型、方案比选和管线综合。

（5）施工专业设计阶段模型应用，主要包括施工导流布置及优化、料场及渣场布置及优化、施工生产系统布置及优化、场内交通设计及优化和土石方平衡等。

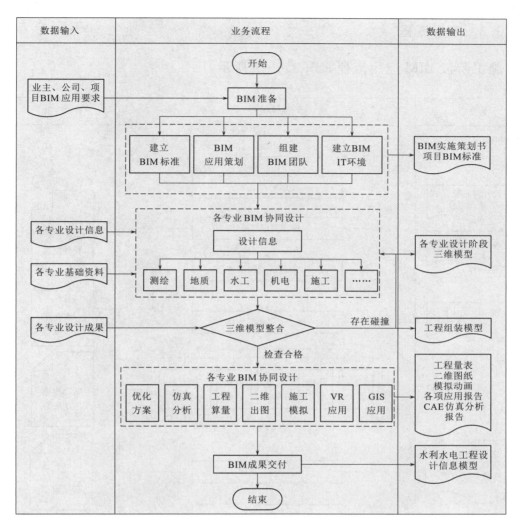

图 3.6-1　设计阶段 BIM 应用流程图

### 3.6.3　施工阶段 HydroBIM 应用

#### 3.6.3.1　应用目标

施工阶段 BIM 应用目标主要是利用 BIM 技术加强施工管理，通过建立 BIM 施工模型，将施工过程信息和 BIM 模型关联，实现基于 BIM 的施工进度、质量、安全、成本的动态集成管理。施工阶段 BIM 应用点主要包括：深化设计、施工模拟、进度管理、质量管理、安全管理、工程量及成本管理、竣工交付等。施工单位根据实际工程需要选择单项或多项综合应用，提升项目精细化管理水平，发挥 BIM 共享、协同工作的价值。

### 3.6.3.2　应用流程

施工阶段 BIM 应用流程如图 3.6－2 所示。

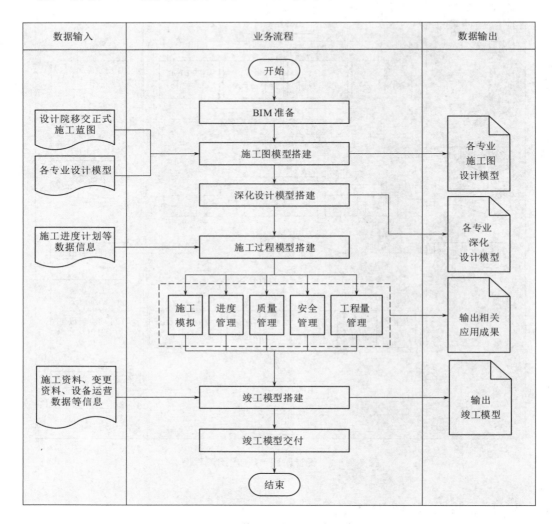

图 3.6－2　施工阶段 **BIM** 应用流程图

### 3.6.3.3　应用范围

施工模型应用主要包括以下几个方面。

（1）施工深化 BIM 设计：根据专业特点和现场实施需要对施工图设计模型进行深化的过程，包含土建 BIM 深化设计和机电 BIM 深化设计。

（2）施工模拟：将施工组织、施工工艺信息与模型相关联，进行施工模拟，并根据模拟结果进行优化，生成分析报告及可视化施工指导文件。施工模拟包含施工组织模拟和施工工艺模拟。

（3）进度管理：基于施工进度模型，集成工程进度信息，开展进度模拟、分析与管理。

（4）质量管理：基于施工过程模型，根据施工资料规程、施工质量验收规程等，辅助开展过程质量管理、质量验收、质量问题处理、质量问题分析等工作。

（5）安全管理：基于施工过程模型，根据安全管理规程、安全施工组织设计，辅助开展安全管理。

（6）工程量管理：根据施工图预算信息模型分专业进行工程量计算，并导入到计价软件中，依据定额规范和价格信息，计算工程价格，辅助指导和控制工程成本。

（7）竣工交付：将竣工验收合格后形成的验收信息和资料关联集成到模型中，形成竣工验收模型，作为运维阶段信息模型应用的基础。

### 3.6.4 运维阶段 HydroBIM 应用

水利水电工程运维阶段 BIM 应用宜基于平台开展，将 BIM 模型与运行监控等各类数据集成，进行可视化的仿真、分析、模拟及预警，实现可视化、智能化的运维管理。

#### 3.6.4.1 应用目标

运维阶段 BIM 应用是基于竣工移交 BIM 模型的深化应用。以 BIM 模型为基础，整合图纸、文档、资产信息、巡检及现场运行监控数据，应用于水利水电工程资产管理、培训管理、运行监控管理等领域。

#### 3.6.4.2 应用流程

运维阶段 BIM 应用流程（图 3.6-3）主要包括：

（1）BIM 模型轻量化及导入：对竣工移交 BIM 模型进行轻量化处理，输出轻量化 BIM 模型。

（2）模型拆分及组织：按运行维护的要求拆分 BIM 模型，形成运维管理的模型结构树。

（3）数据集成：对设计及建造资料、运维管理资料进行处理并与 BIM 模型集成，形成文档数据中心。

（4）模拟、分析与决策：利用监测技术获取对水工建筑物和设备设施的生产运行数据，形成基于 BIM 的数据中心，进行预警、预报、智能分析与决策等应用。

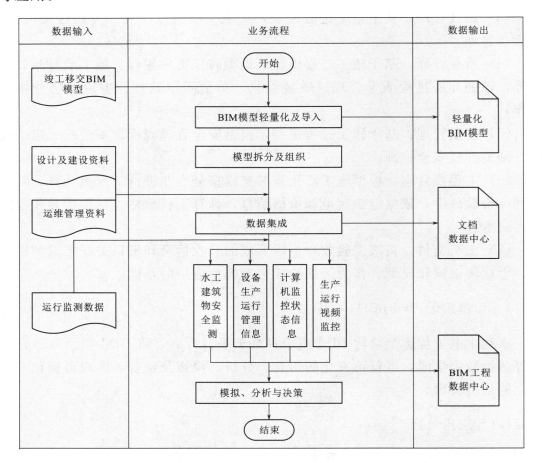

图 3.6 - 3 运维阶段 BIM 应用流程图

### 3.6.4.3 应用范围

竣工模型应用主要包括以下几个方面：

（1）资产管理：基于 BIM 的资产管理是在 BIM 模型的基础上将设计信息、厂家信息、施工信息、设备信息、日常巡检计划、维保计划、物资台账等信息与 BIM 模型集成，开展可视化定位管理、物资管理、分析及辅助决策。

（2）仿真模拟：基于 BIM 模型开展水利水电工程三维仿真培训与模拟考试，或开展灾害应急模拟等应用。

（3）运行监控：将 BIM 模型与水利水电工程运行监控设备及系统相结合，接入设备设施监测仪器、计算机监控系统的实时运行数据，建立起物理与虚拟空间的映射连接，形成虚实融合的动态交互模型，辅助开展评估、分析、预测、决策等智能化决策管理。

# 第 4 章
# HydroBIM 技术体系

## 4.1 概述

本书提出的 HydroBIM 技术体系（图 4.1-1）主要包括 HydroBIM-3S 集成应用技术、HydroBIM-三维地质建模技术、HydroBIM 乏信息综合勘察设计技术、HydroBIM 可视化技术、HydroBIM 参数化设计技术、HydroBIM-BIM/CAE 集成设计技术、HydroBIM 协同设计技术和 HydroBIM-EPC 总承包管理技术等。HydroBIM 完整的理论基础和技术体系作为水利水电工程及大土木工程规划设计、工程建设、运行管理一体化的解决方案，现已基本完成 HydroBIM 综合平台建设和系列技术规程编制，并经过工程实践，大幅度提高了工程建设效率，保证了工程安全、质量和效益，有力推动了水利水电建设技

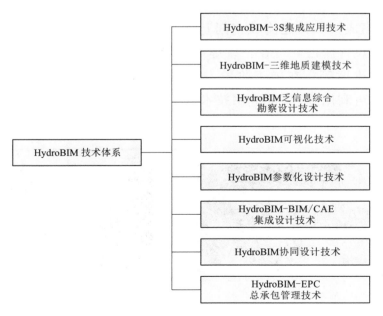

图 4.1-1  HydroBIM 技术体系框架图

术迈上新台阶。

## 4.2 HydroBIM - 3S 集成技术

HydroBIM - 3S 集成技术是一种扩展到与空间分布信息有关的众多领域的集成应用技术,其经传统水利水电工程测量演变而来,融合了全球卫星导航定位系统、航天航空遥感、地理信息系统、网络与通信等多种科技手段的测绘与地理信息学科以及云计算、物联网、移动互联、大数据等高新技术。相比较其他学科而言,3S 集成技术的研究对象范围更大,对水利水电工程具有宏观上的应用意义,是解决数据融合的有力手段。

### 4.2.1 HydroBIM - 3S 集成技术特点

HydroBIM - 3S 集成技术更加注重于数据获取实时化、数据处理自动化、信息服务网络化、形成产品知识化、内容应用社会化。在水利水电工程的实现方面,测绘学科从提供数据资料逐渐转化为提供 3S 集成服务,从辅助专业逐步转化为主要专业,从过程参与逐步转化为全生命周期参与,从单学科应用到多学科复合应用。在水利水电工程建设的过程中,HydroBIM - 3S 集成应用技术具有以下技术特点。

(1) 基础性。HydroBIM - 3S 集成技术作为一种基础技术,对参与水利水电工程建设过程中的众多阶段均具有使用价值。例如,在水利水电工程科研阶段,利用 3S 集成技术构建流域空间基础平台,可进行水利水电工程选址、方案评估等;在设计阶段,可在三维虚拟场景中进行枢纽布置,优化调整设计方案,模拟施工进度等;在施工阶段,根据三维场景进行场地布置,施工管理等;完工后,可利用 3S 集成应用技术对工程进行管理等。3S 技术在施工阶段的应用示例如图 4.2 - 1 所示。

(a) 施工场景操作　　　　　　　　　　(b) 水文过程模拟

图 4.2 - 1　3S 技术在施工阶段的应用示例

（2）融合性。3S集成应用技术是在多学科交叉融合的基础上发展而来，在水利水电工程中，多学科融合的趋势越发强烈，随着数据采集手段的不断发展，以"海、陆、空、天"为代表的多源数据采集系统具备全方位的数据采集手段。数据融合实现了对水利水电工程涉及的多源空间异构数据的有效整合处理，进而形成满足水利水电工程建设所需的各类数据。

（3）全局性。由于对空间信息有着独到的管理应用能力，3S集成应用技术为所有参与水利水电工程建设的空间信息数据提供参考基准，这是参建各专业进行协同的基本条件。在水利水电工程的建设过程中，对空间尺度的要求随着各专业研究对象的变化有很大不同，而对数据需求又有很多相似性。3S集成应用技术可在统一虚拟参考空间中，为各专业提供多级尺度的数据服务，在满足各专业需求的情况下，又将其成果整合在统一平台中，对于水利水电工程建设而言具有全局掌控的特性。水电工程3S可视化集成管理平台功能框架如图4.2－2所示。

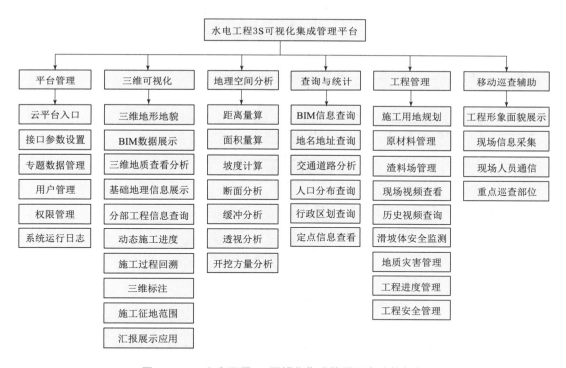

图 4.2－2 水电工程3S可视化集成管理平台功能框架

## 4.2.2 HydroBIM－3S集成技术应用

（1）3S集成数据获取。地理信息数据包括：控制成果、数字高程模型（Digital Elevation Model，DEM）、数字地表模型（Digital Surface Model，

DSM)、数字正射影像图（Digital Orthophoto Map，DOM）、数字线划地图（Digital Line Graphic，DLG）、数字栅格地图（Digital Raster Graphic，DRG）、点云数据、卫星影像、航拍像片等数据及相应的数学基础。数据获取之前应先获取所在地国家的基础地理信息数据，国际工程亦可采用 WGS - 84 坐标系统。

地理信息数据获取可通过 HydroBIM 工程知识资源系统、项目业主、互联网、国内外相关机构、数据提供商收集，也可按需购买高清卫星影像、数字高程模型、区域地质资料等数据。地理信息数据获取流程如图 4.2 - 3 所示。

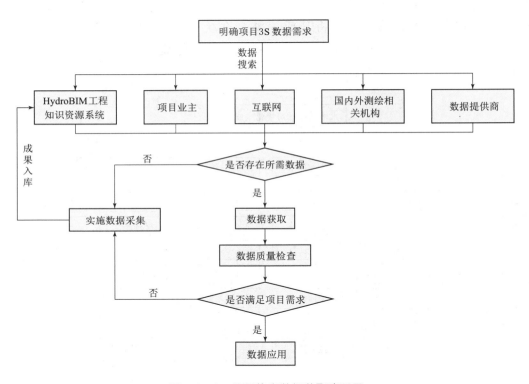

图 4.2 - 3　地理信息数据获取流程图

（2）3S 集成数据处理与成果。测绘专业项目负责人根据任务书的要求编制工作大纲、技术设计方案和实施方案。通过审查之后进行原始数据采集、基础地理信息数据库建立、基础地理信息系统搭建，最后提交成果。基础地理信息数据应采用统一的平面坐标系统和高程系统。当采用地方坐标系时，应与国家统一坐标系统建立严密的转换关系。3S 地理信息数据作业流程如图 4.2 - 4 所示。

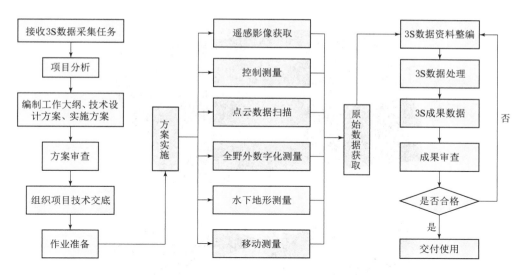

图 4.2-4　3S 地理信息数据作业流程图

## 4.3　**HydroBIM**－三维地质建模技术

工程地质三维 BIM 模型的建立是土建工程开展设计工作的基础和前提，特别是对于水利水电枢纽工程来说，其对地形特征、地质条件等多方面因素的依赖程度较高。三维地质模型可以实现空间地质信息的可视化应用，能有效支撑和集成后续专业的设计。

随着信息技术的高速发展，移动 GIS、网络通信、BIM 参数化建模等技术手段已逐步运用于工程地质的信息采集、数据处理、地质 BIM 建立、地质模型可视化分析等各个环节。本书基于工程地质多源大数据的采集分析，包括地理基础数据、遥感数据、无人机航拍矢量图、勘探资料、物探资料、各种试验数据等，搭建了多源地质信息数据库。通过 GeoBIM 系统建立地质 BIM 模型载体，挂接空间属性等地理数据信息，实现了工程地质信息的有效管理，极大地提高工程地质数据集成综合应用的信息化水平，提高了地质专业的 BIM 设计工作效率，为后续水工、机电等专业开展 BIM 设计提供强有力的地形地质数据基础和地质 BIM 模型场景，具有较好的理论意义及工程实际应用价值。

GeoBIM 建立的地质 BIM 模型载体示例如图 4.3-1 所示。GeoBIM 系统提供了两种三维地质建模的途径。

（1）利用已完成核定的二维剖面数据建模。通常用于前期完成了大量勘探工作，并且具有丰富准确的二维资料的工程。

（2）利用工程勘察采集的原始数据建立三维地质模型。通常用于基础工作

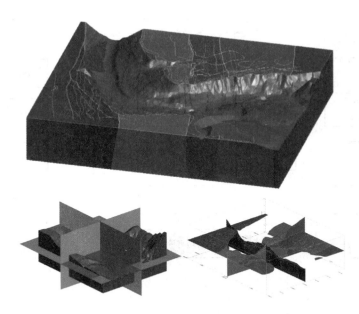

图 4.3-1 GeoBIM 建立的地质 BIM 模型载体示例

刚刚开始，需要在勘察过程中进行大量数据分析和整理，通过不断积累来获得三维模型中间成果和最终成果的工程。

这两种途径在建立三维地质模型上的根本区别在于：前者是通过导入二维剖面成空间剖面，后者是依据采集的数据经过人工解译直接完成空间剖面的编辑。三维地质 BIM 创建流程如图 4.3-2 所示。

三维地质建模基于自主研发的三维地质系统进行。根据水利水电工程的设计工作流程，结合地质勘察相关数据的特点，有针对性地建立了集成多源数据、覆盖全部设计过程、适用全阶段的三维地质模型，真正实现了三维地质建模技术在水电工程全阶段中的运用，全面准确地展现了各阶段工程地质条件，实现了地质模型与设计模型的融合，同时也实现了地质与设计的三维无缝对接。

### 4.3.1 地质对象建模基础数据

三维地质建模以各种原始资料为基础，用于建模的数据包括以下几类。

（1）地形数据。地形是地质勘察工程的基础，也是三维地质建模的基础数据。二维制图阶段一般直接使用等高线的地形图，三维建模则需要使用测绘专业提供的三维地形面，这样既可以保证地形数据的精度，又可以保证各专业使用地形数据的统一性。将测绘专业提供的 dxf 文件格式的地形面直接导入 GeoBIM 软件中得到三维地形面，根据建模范围截取部分三维地形面。

（2）物探数据。物探数据是对于物理属性探查的成果，以线及面模型的形式进行表达，可将物探专业提供的成果文件转换成 dxf 文件格式后直接导入

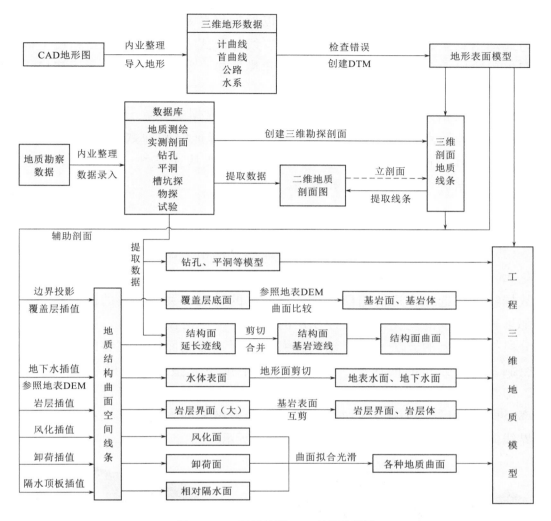

图 4.3-2 三维地质 BIM 创建流程图

GeoBIM 软件中，结合地质资料进行分析使用。

（3）勘探数据。勘探数据包括钻孔、平洞、探坑、探井、探槽等勘探成果，该类成果多为一些空间的散点数据或线性数据，需要将散点数据录入数据库中成为可以调用的空间点数据，将线性数据整理成可以导入 GeoBIM 软件中的空间线数据。这类点及线数据成为三维地质建模的控制数据，并以此类数据作为建模的基础向外延伸推测数据。

（4）试验数据。试验成果为各种室内试验及原位测试的成果，该类成果为一些地质对象的属性数据，主要作为地质模型的属性数据的来源，为地质专业的成果分析提供参考数据，并为设计专业提供一些基本参数。

（5）地质数据。该类数据主要包括遥感地质解译成果及工程地质测绘资料。遥感地质解译应用于前期资料相对缺乏的阶段具有非常大的价值，并对区域地质条件解译效果较好。解译工作多以地理信息系统软件为工具，解译成果多为地理信息系统软件格式文件，以点、线等形式表达解译成果，精度上满足前期工程阶段要求，并可作为三维地质建模的参考数据，从总体上为建模提供一定的参考或指导。

由于建模相关数据众多，需要根据不同的数据类型，分别进行整理和归纳。将各类地质点数据录入数据库，并将各类特征线和面数据直接导入 Geo-BIM 软件中作为原始数据，在数据录入后还需要从完整性、合规性、合理性等方面对数据进行全面的检查和复核。

### 4.3.2 地质对象建模

（1）覆盖层建模。覆盖层底界面与地形紧密相关，且分布厚度、空间形态变化大。在建模过程中，应考虑覆盖层堆积形成的特点，根据底界面形态和已有数据特点来选择合适的建模方法。滑坡体的建模应关注滑坡的滑动面和滑坡中部堆积体厚度的变化情况；冲积层的建模应考虑河流的特点，采用横截面剖面分段控制建模的方法来进行建模。大部分覆盖层底面为不完整的曲面，是带有空洞或零散分布的面模型。在建模过程中按照完整面的建模思路来进行建模，即在基岩出露部位考虑覆盖层底面在地形面之上，这样可以大大提高建模效率，同时为后期的模型剪切及模型转换带来极大的方便。某工程覆盖层三维边界线向地形面投影结果示例如图 4.3 - 3 所示。

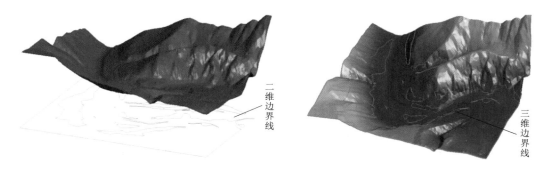

图 4.3 - 3　某工程覆盖层三维边界线向地形面投影结果示例

（2）地层及构造建模。地层及构造主要需要考虑产状来建模，在分界点上给出反映该处对象变化情况的倾向线或小范围面，综合各个分界点的特征线或特征面来拟合建模，既可以保证面模型通过现有分界点，又可反映地层和构造的整体变化特点。在地层被断层切断的情况下，断层两侧的地层有明显的位移，通过地层面与断层面的相互剪切及移动操作来确定地层面及断层面的相互空间关系。某工程地层单元建模结果示例如图 4.3 - 4 所示。

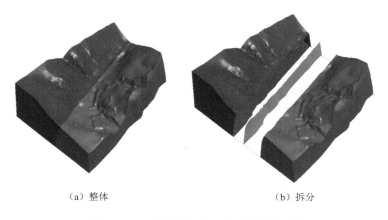

（a）整体　　　　　　　　　　　（b）拆分

图 4.3-4　某工程地层单元建模结果示例

（3）风化面、卸荷面等地质对象建模。风化面、卸荷面、水位面、吕荣面等地质对象的建模相较于地层及构造的建模，空间形态受地形起伏影响更大，形态特征更加不规则，需要更多的数据来控制面模型的空间形态。将现有的各类离散点，通过剖面的方式来连接，一方面可以增加数据量；另一方面可以给定拟合的方向，提高拟合目标面的效率。剖面线建模以现有的勘探点位为控制节点，形成三角化的剖面线网格控制研究区的建模，而对于缺少勘探数据的部位需增加适量的辅助剖面来进行数据加密。某工程钻孔风化数据成图示例如图4.3-5 所示。

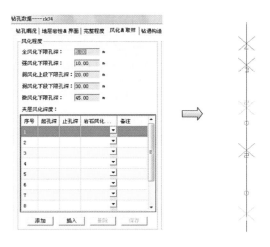

图 4.3-5　某工程钻孔风化数据成图示例

（4）特殊对象建模。特殊对象主要考虑透镜体、溶洞及岩脉等地质对象，这类对象的空间形态特征非常不规则，建模方式也就不同于其他的地质对象。建模仅根据少量的揭露点，更多结合工程师的判断来进行建模。建模时尽量绘制对象的特征线条和特征截面，通过放样或直接拟合线条的方式来进行。特殊对象建模示例如图 4.3 - 6 所示。

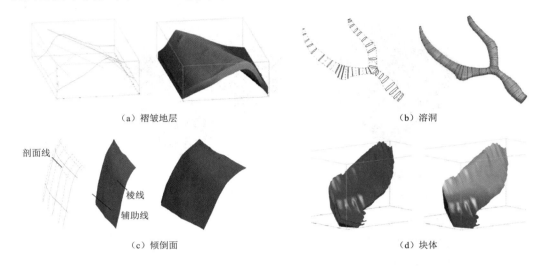

（a）褶皱地层　　　　　　　　　　　　　（b）溶洞

剖面线

棱线
辅助线

（c）倾倒面　　　　　　　　　　　　　　（d）块体

图 4.3 - 6　特殊对象建模示例

## 4.4　HydroBIM 乏信息综合勘察设计技术

　　乏信息综合勘察设计技术是指在乏信息条件下，利用互联网、卫星等取得基础数据，并利用专业软件等手段对基础数据进行处理、转化，快速、高效率、低成本完成前期设计工作的方法和技术。与乏信息结合起来的综合勘察设计技术可应用于前期基础资料缺乏的国内外基础设施工程规划与预可行性研究（水利可行性研究）阶段的设计，完成项目评估报告、项目建议书及预可行性研究或水利可行性研究报告。为基础设施工作等前期勘察设计提供技术支持，解决传统勘察设计技术不可达、无力解决的乏信息区的基础设施前期勘察设计问题，提高生产效率与产品质量、降低生产成本。协同设计流程如图 4.4 - 1 所示。

　　我国水电工程重点逐渐转向金沙江、澜沧江、怒江等的上游及雅鲁藏布江流域的西藏高海拔山区。而国外水电市场主要集中在东南亚、非洲、南美洲等偏远落后的地区。对于我国边远地区，往往地形地貌特殊复杂，经济文化相对落后，基础信息资料缺乏，不少地段山高坡陡，人工难以到达，加之区域民族众多、社会环境复杂，在这些地方进行水电站建设，其勘察、设计、施工将十分困难。而国外水电项目更加具有其特殊性，受政治、经济、语言等因素影响，野外工作局限比较大，不可预见干扰因素较多；另外，水电站区域植被繁茂，很难开展工作。上述地方特别是国外的水电开发工作，前期勘察设计周期

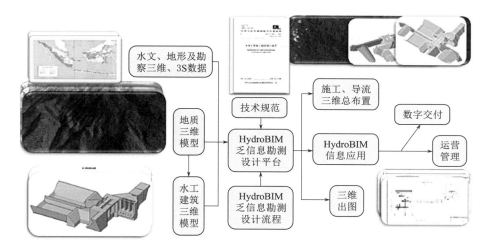

图 4.4-1 协同设计流程

短、难度大，传统的勘察设计手段和方法显然不能适应新的形势。而且随着市场经济的发展，竞争日趋激烈，若不能有效降低成本、提高设计效率和质量，将很难获得竞争优势。

因此，研究创新工作方法，开拓实测资料和基础信息缺乏条件下水电工程的前期勘察设计的方法和手段，是当前新形势条件下的迫切发展需要。而充分发挥互联网技术、3S技术、BIM技术的优势，结合适当的实地信息资料收集，对工程所处的地理环境、基础设施、自然资源、人文景观、人口分布、社会和经济状态、地质条件、勘察资料等各种信息进行数字化采集与分析处理，不仅可以降低水电工程前期勘察设计成本，还可以提高水电工程勘测设计的质量与效率；并能促进水电工程开发建设的信息化和国际化，为国内外水电市场的开拓提供有力的支持。

乏信息综合勘察设计技术是大数据技术在基础设施行业的具体应用，拓宽了传统勘测设计的应用领域和适用范围。它虽然源于水电工程，但可广泛用于基础设施行业，具有很强的普适性。

水利水电工程勘察设计考虑的因素和所需的资料比较多，主要包括地形、地貌、地质、水文气象、交通、供水、供电、通信、生产企业及物资供应、人文地理、社会经济、自然条件等，且需要对相关资料进行综合分析与考虑。乏信息基础数据采集和处理体系架构如图4.4-2所示。

乏信息基础数据主要包括测绘、地质、水文等基础资料，通过对基础资料的收集与整编，以项目应用阶段和需求为中心，对不同的数据进行分析，在充分满足项目需求的同时减少数据冗余，充分发挥3S集成技术、计算机技术、三维建模与可视化技术等优势，应用专业软件等手段对收集的数据进行处理、

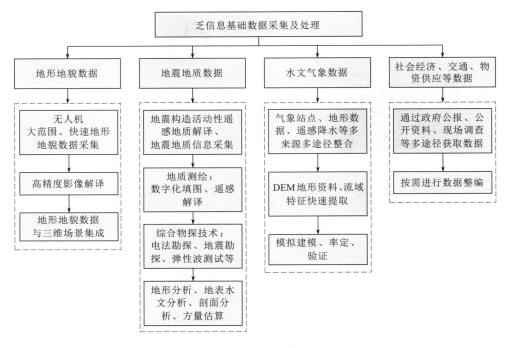

图 4.4 - 2 乏信息基础数据采集和处理体系架构

转化、建模与可视化，并能够快速、高效率、低成本完成工程前期勘测设计工作任务。

## 4.4.1 数据获取与应用

（1）地形地貌资料。目前网络上免费或廉价地形数据网站很多，可获取多种精度、多种比例尺的高程数据或地形数据，利用这些网站基本能获取到全球范围内（包括不易到达区域）较高精度的地形数据、影像数据、矢量数据等GIS 数据。如果通过免费方式无法下载或精度、范围无法满足要求，可以补充购买商业数据。

（2）工程地质资料。地质资料收集工作应在明确勘察阶段及工作地理范围的基础上，依规范或合同要求精度逐步按无偿资料、有偿资料、数字化填图成果、物探成果、钻探成果及试验成果的顺序依次开展。对于条件不具备的项目，可在适量数字化填图成果的基础上，以无偿资料及有偿资料开展地质勘察工作。

（3）水文气象资料。目前大部分国家和地区已经把当地水文气象资料及观测站数据作为公共数据资源，用于服务当地的建设需求。在项目前期，可通过当地或相关学术机构平台获取公开气象水文数据，或者通过其他公共服务平台检索主要规划区域的水文气象资料。一般可获取当地区域水文气象站近 30 年甚至更长时段的数据包括水文气象、风况、潮汐、海平面高程等数据资料。

（4）交通及能源物资供应条件。通过对全球官方网络数据收集与整理，可以很全面地获取全球各地基本道路、铁路、航运、港口码头等的交通现状条件，并获取相关有用数据；水、电、物资供应条件也可以查询当地政府服务网站及生产企业网站，通过检索获取相关的能源及物资供应条件等信息。

（5）社会经济及人文地理现状。目前全球社会经济及人文动态等相关信息基本都是全面公开的，每个地区都有相关的公开信息，通过网络定向检索和搜集整理，可以了解当地社会发展状况、民风民俗、经济状况、宗教信仰、人文特色、政治格局等信息，作为工程规划设计的重要参考。

（6）自然环境条件。通过当地官方网站及相关学术网站数据，可初步调查相关规划区域的自然情况，可将重点自然保护区及相关国家公园的范围及基本情况进行搜集整理，并准确进行区域定位作为规划设计及布置的重要参考。

（7）工程造价资料。国内主要通过网络或者电话向建筑材料、机械租赁等供应商收集。此类单位直接面对市场，最了解建筑市场的动态，可提供大量的市场信息，从供应的角度来丰富工程造价管理资料，同时也可通过了解已发布的工程造价信息，特别是主要的材料如钢筋，水泥、电缆等的价格，提高企业在市场竞争中的地位。国外工程可向办事处或有合作的建设单位收集，可查询外交部网站了解当地的人工、税法等；若设备材料从国内运输，则应向海运企业询问运输价格及其他信息。

### 4.4.2 数据处理与信息挖掘

由于在项目前期，整体方案的功能规划是整个规划设计的重点。对于细节的数据精度要求较低；对于地形地质等基础数据，可以根据实际需要将地形山坡山谷走向上有严重偏差的部分进行纠正处理即可以初步使用，对局部重点关注区域可以进行实地局部考察进行精确纠正。

其他相关资料数据一般种类较多，组织较复杂，需进行数据分类和应用分析，然后通过系统组织挖掘出有用的数据进行应用，一般可以满足项目前期规划设计各专业需求。

### 4.4.3 信息匹配与应用

项目前期规划设计，需针对不同阶段信息数据需求进行综合分析，才能进行细化的应用。

（1）项目多方案的规划设计与方案必选阶段：地形数据获取与修正、大比例区域地质图分析与解译、高清晰度卫星影像数据获取与解译，人文、社会、自然环境等因素的比对和经济性的考量等。

（2）基本方案确立阶段：主体及配套工程的基本布置及规模设定、局部重点关注区域信息资料的实地获取与耦合应用。

（3）基本方案的细化设计与方案生成阶段：整体方案主体及配套建筑物、相关设施等的外形、结构、功能等的细化设计，并对信息建模、各专业建筑、设施等模型与信息的总体集成与应用输出。

## 4.5　HydroBIM 可视化技术

可视化是利用计算机显示技术和图像处理技术，将大量非直观、抽象的数据信息以图像、图形或模型的方式显示在电子屏幕上，并进行交互处理的理论、方法和技术。随着计算机技术的发展，可视化技术由传统的二维平面图形表示逐渐发展到三维模型表示，在计算机中再现三维世界中的物体，用三维形体来表达真实的物体，使得各方交流沟通更加高效、可靠，从而提高用户的工作效率。

基于 HydroBIM 的可视化技术是以 BIM 模型为核心，以水利水电工程建设和管理为对象，以模型的创建、传递、使用为基本内容，从而实现项目设计、建造、运营过程中的沟通、交流和决策在可视化的状态下顺利进行。基于 BIM 可视化的应用有两种模式：一种是直接建立三维模型的应用模式，通过建立水利水电工程的 BIM 三维模型，利用该模型进行三维浏览、碰撞检测、可视化交底、预埋件展示等可视化应用；另一种是通过将模型经过数据转换后导入相关平台软件，并将模型的属性信息与模型进行关联，基于平台来进行进度、成本、质量等的动态管理。

### 4.5.1　HydroBIM 可视化技术应用

#### 4.5.1.1　设计可视化

BIM 工具有多种可视化的模式，主要包括隐藏线、带边框着色和真实渲染三种模式，在设计过程中实现所见即所得。可通过创建相机路径，创建动画或一系列图像来进行更直观的设计方案展示。蜗壳建模如图 4.5-1 所示。

#### 4.5.1.2　机电管线综合可视化

将机电与其他各专业模型组装为一个整体 BIM 模型，从而使机电管线与建筑物的碰撞点以更加直观的方式呈现。在三维模型中找到碰撞点，优化管线

（a）蜗壳模型　　　　　　　　　（b）蜗壳钢筋模型

图 4.5-1　蜗壳建模

排布方案。线路检测如图 4.5-2 所示。

### 4.5.1.3　技术交底可视化

传统 CAD 图纸难以展现钢筋排布，而利用 BIM 进行动态演示可以更好地展现施工方案，有利于施工和技术交底。同时可以模拟现场施工，向作业人员进行可视化的技术、安全交底，直观反映正确的施工工序以及注意事项。

通过直观的方式，指导施工人员进行正确高效的工作，从而提高施工质量。同时可视化技术交底还可以提高各参建方与业主沟通的效率，更好地服务工程。

### 4.5.1.4　施工总布置可视化

Civil 3D 强大的地形处理功能，可帮助实现工程三维枢纽方案布置及立体施工规划。

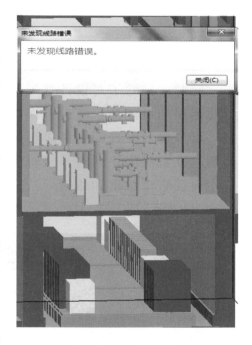

图 4.5-2　线路检测

结合 Autodesk InfraWorks（以下简称 AIW）快速直观的建模和分析功能，则可快速帮助布设施工场地，有效传递设计意图，并进行多方案比选。方案调整后可快速全面对比整体布置及细部面貌，分析方案优劣，从而大大提升施工总布置优化设计的效率和质量。图 4.5-3 为黄登水电站规划设计总布置方案。

### 4.5.1.5　施工进度可视化

基于 HydroBIM 的 4D 进度管理具有直观性、可视性和可施工模拟的特

图 4.5-3　黄登水电站规划设计总布置方案

点，能够帮助施工进度计划编制人员省去审阅图纸和理解传统网络图等工作。同时，排除了对设计意图、施工流程和工序逻辑关系等理解错误所造成工期延误的可能性，减少错误信息传达的发生概率。通过对施工阶段进行模拟，可以提前发现问题并进行修改，使进度计划和施工方案最优，缩短施工前期的准备时间；同时，使得施工人员的工作效率和准确性有明显提升，进一步保证施工进度和质量，从而完成项目既定目标。施工进度模拟过程如图4.5-4所示。

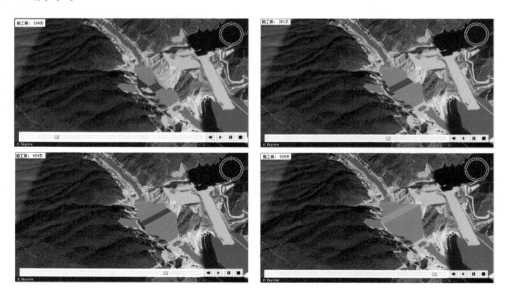

图 4.5-4　施工进度模拟过程

# 4.6 HydroBIM 参数化设计技术

参数化设计是指将工程本身编写为函数与过程，通过修改初始条件并经计算机计算得到工程结果的设计过程，从而实现设计过程的自动化。参数化设计从实质上讲是一种构件组合设计，水利水电工程中的建筑物 BIM 模型是由很多个构件拼装、组合而成的。构件设计并不需要采用过多的传统建模语言，如拉伸、旋转等，而是对已建好的构件设置相应的参数，并使参数可以调节，进而驱动构件形体发生改变，满足设计要求。参数化设计更为重要的是将构件的各种属性信息通过参数的形式进行模拟，并进行相关数据统计和计算。参数化构件并不只是一个三维几何信息模型，还应包含非几何信息，如材料的强度、构件的造价、受力状况等。参数化定义属性的意义在于可进行各种统计和分析，例如可进行结构、成本、节能等方面的计算和统计。

关联性设计是参数化设计的衍生。当 BIM 模型中所有构件都是由参数控制时，将这些参数相互关联起来，就可以实现关联性设计。换言之，当建筑师修改某个构件，BIM 模型、模型视图及统计数据将自动进行更新，而且这种更新是相互关联的。设计师不需要再去修改平面、立面及剖面图纸，一处修改处处更新，实现了计算与绘图的融合。关联性设计不仅提高了设计师的工作效率，而且解决了长期以来图纸之间错漏碰撞的问题。

HydroBIM 参数化技术主要包括以下几点。

1. 典型建筑物构件的划分及其特征和全尺寸约束的确定

首先要对典型建筑物（大坝、厂房、渡槽、倒虹吸、隧洞）的型式进行汇总，并分析各种型式建筑物的组成结构，进行建筑物构件的划分；然后分析构件的几何形状和建造工艺，确定构件的特征、合理的建模顺序及全尺寸约束。某构件全尺寸约束设计界面如图 4.6-1 所示。

2. 参数化构件库的建立

建立上述建筑物的参数化构件库。构件库能够根据指定的尺寸参数动态生成构件的三维模型，而且能够对构件库中的构件及其对应参数表进行检索、添加、修改和删除等管理操作。参数化构件库界面如图 4.6-2 所示。

3. 构件信息数字化管理

构件作为建筑物的一个组成部分，除了包括几何信息外，还应该包括构件的物理性质、力学性质、功能特性及其他扩展属性信息。构件的信息数字化管理是将信息集成至三维模型中，基于构件三维模型对其几何信息和扩展属性信息进行数字化管理，为建立水利水电工程典型建筑物 BIM 做准备。构件属性信息管理界面如图 4.6 - 3 所示。

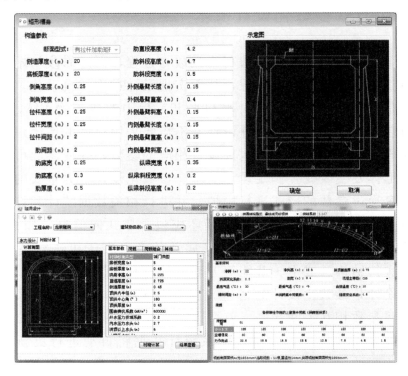

图 4.6 - 1　某构件全尺寸约束设计界面

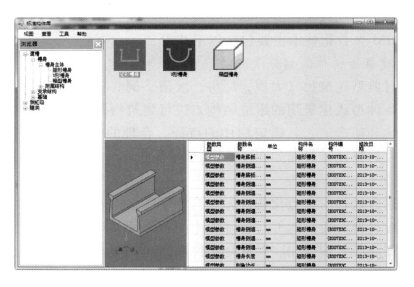

图 4.6 - 2　参数化构件库界面

4. 基于装配关系的典型建筑物三维参数化设计

典型建筑物是由多个构件在一定的约束条件下组合而成的。基于装配关系的建筑物三维参数化设计是对组合建筑物进行从单体到构筑物、从几何约束到

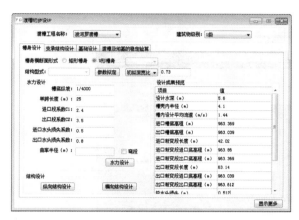
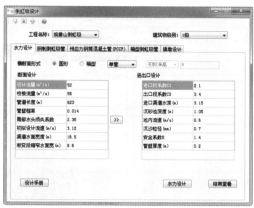

（a）渡槽　　　　　　　　　　　　　（b）倒虹吸

图 4.6-3　构件属性信息管理界面

装配关系的分层次参数化关联。将装配关系引入到参数化设计中不仅可以解决复杂建筑物模型中各组成构件的定位问题，同时可以进行建筑物的整体三维参数化设计。建筑物装配模型的结构为树状分级结构，由若干个子装配模型及构件组成，各子装配模型由下一级子装配模型及构件组成，依此类推直到最后一级。人机交互式构件装配界面如图 4.6-4 所示。

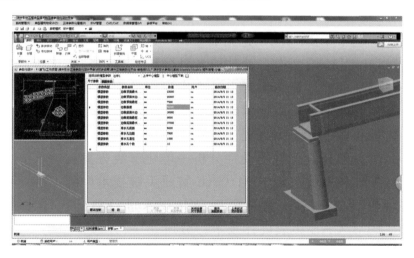

图 4.6-4　人机交互式构件装配界面

5. 典型建筑物三维参数化设计平台研发

通过使用三维参数化建模技术、模型信息数字化管理技术和三维参数化模型的干涉检查技术，采用可视化编程语言开发 HydroBIM 参数化建模功能，并进行人机交互界面设计，搭建典型水利水电建筑物三维参数化设计平台，实现水利水电工程典型建筑物 BIM 的建立。干扰检查结果示例如图 4.6-5 所示。

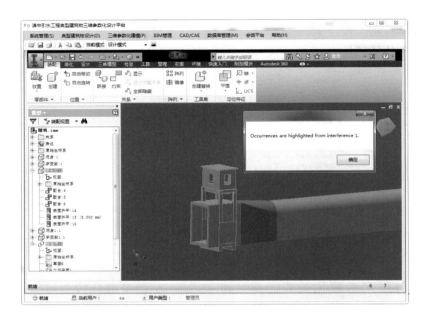

图 4.6 - 5　干扰检查结果示例

## 4.7　HydroBIM - BIM/CAE 集成设计技术

　　水利水电工程中 BIM/CAE 是指将 BIM 技术与 CAE 分析技术有机结合，实现 CAE 可以从 BIM 模型中自动抽取各种分析、模拟、优化所需要的数据进行计算。同时，可根据计算结果对设计方案进行动态调整，从而产生满意的设计方案。将 BIM 和 CAE 集成技术应用到水利水电工程复杂有限元分析问题的精细建模与仿真计算中，将大大提高建筑物设计-分析-优化过程的效率，为水利水电工程提供一种有效可行的设计分析一体化解决方案。

　　本节主要对水利水电工程 BIM/CAE 集成关键技术中的 BIM/CAE 信息转换技术和多种设计软件平台信息模型交互技术进行概述，详细技术介绍见《HydroBIM - BIM/CAE 集成设计技术》分册。

### 4.7.1　BIM/CAE 信息转化技术

#### 4.7.1.1　数据转换接口实现

　　本节中提出的规范化的 BIM/CAE 数据转换是基于自主研发的接口程序来实现的。由于 BIM 建模软件没有与 Hypermesh 和 ABAQUS 之间的数据传输接口，因此需要对 BIM 模型数据进行转换，建立与 HyperMesh 软件的数据接口，才可进行后续的自动化剖分、分析计算等操作。

（1）接口程序内 BIM 模型简化处理：由于该接口程序的最终目标是将 BIM 模型用于有限元软件进行仿真分析，因此在相对复杂的工程结构中，如果某些细部或附属结构对主体结构受力状态影响较小，则会自动进行忽略或简化处理。例如，轴线为弧形的隧洞可以简化为直线，同时可以忽略调压井间的连通廊道等附属结构。同时，由于有限元计算中要求网格单元中不含有曲面，因此接口程序中也设定了对含有曲面的 BIM 模型进行相应处理的程序。

（2）非几何数据信息处理：对于非几何数据信息，主要是材料属性等相关参数，利用 Inventor 官方推荐的 C♯ 语言编写二次开发脚本，通过 Element.get_Parameter（string name）函数获取各个元素的所有参数，遍历参数名称找到需要进行提取的参数值，并获取不同构件的 Guid 作为数据检索的唯一标识，将每个构件的各项所需非几何信息提取出来对接到 SQL Server 数据库对应的属性信息数据表内进行存储，为后续提取和修改属性信息提供数据基础。

（3）模型整体剖切划分：对于大部分经过第（1）步简化处理后的三维实体模型，该三维实体模型本身可以通过其 X、Y、Z 三个方向中某两个方向的投影草图来唯一确定，因此，通过在上述两个方向的投影草图而生成的剖切面则可以用于将该三维模型划分为所需的若干"实体单元"。BIM/CAE 集成-网格重构示例如图 4.7-1 所示。

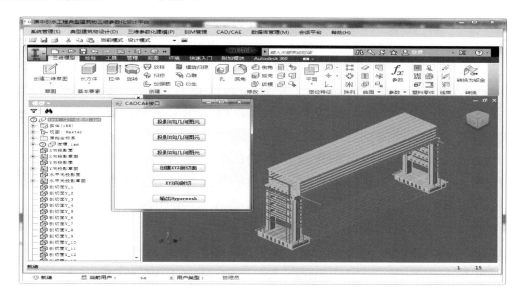

图 4.7-1 BIM/CAE 集成-网格重构示例

（4）HyperMesh 二次开发：利用 HyperMesh 进行有限元计算模型的前处

理过程，并进行二次开发，利用三维剖切中获得的"实体单元"的几何拓扑信息（各个单元的顶点个数与相应的顶点坐标）与附加属性信息（各单元名称与类别），将得到的所有"实体单元"进行转换，并通过数据接口与数据库中对应材料属性信息进行双向绑定。

### 4.7.1.2　整体三维模型剖切

整体三维模型剖切主要包括整体三维模型几何信息提取、模型重构、剖切面生成和模型剖切等过程。

（1）整体三维模型几何信息获取。整体三维模型的几何信息提取的目的是在两个方向上生成整个三维模型的投影草图。首先进行几何信息提取模型与剖切模型准备；然后根据投影草图生成剖面；最后进行几何信息提取与投影草图生成。确定用于生成剖面的几何图形集后，即可以开始提取几何图形集的几何信息，并在两个方向上生成投影草图。某工程厂房几何集合与投影草图如图4.7-2所示。

图 4.7-2　某工程厂房几何集合与投影草图

（2）模型重构。模型重构的目的是通过剖切模型来生成六面体类型（含具有五个面的楔形体）的"实体单元"。模型重构分为几何信息提取模型重构和剖切模型重构两部分。几何信息提取模型重构的目的是解决 BIM 模型简化处理中未涉及的包含曲面的几何信息提取问题；剖切模型重构能够降低用于剖切模型的复杂度，为后续的剖切模型生成六面体"实体单元"做铺垫。

几何信息提取模型重构的重点和难点在于如何识别该模型在两个方向上投影草图的外轮廓线，一旦提取出这两组外轮廓线即可分别将两者沿各自的法线方向拉伸成体，进而通过两个体的"布尔运算"，重构出新的三维模型。用于剖切的地质重构体示例如图 4.7-3 所示。

（3）剖切面生成。用于分割整个 3D 模型的剖切面平面主要分为两种类型：一种是工作平面（在 Inventor . Net API 对应于 WorkPlane 类），它是一个无限扩展的平面，如图 4.7-4 所示；另一种是拉伸曲面（对应于 ExtrudeDefinition 类），它是具有有限几何范围的曲面，如图 4.7-5 所示。两者都是从投影草图上的草图线生成的。

图 4.7-3　用于剖切的地质重构体示例

图 4.7-4　由"几何集合"生成的投影草图
创建的工作平面

（4）模型剖切。在完成剖切面的生成工作之后，开始对相应的用于剖切的整体三维模型进行剖切。剖切体区域划分与剖切结果示例如图 4.7-6 所示。

图 4.7-5　调压井投影创建拉伸曲面示例

图 4.7-6　剖切体区域划分与剖切结果示例

### 4.7.1.3　网格单元重构

（1）"实体单元"几何信息提取。在完成整体模型剖切生成"实体单元"之后，需要提取出"实体单元"BIM 模型的几何信息并以此转化成与之一一对应的"网格单元"CAE 模型。

（2）HyperMesh 二次开发。在 HyperMesh 中创建 CAE 模型主要有两种方式：一种是通过导入 BIM 模型进行网格单元剖分生成；另一种是通过创建节点-单元的顺序直接生成有限元计算模型。

（3）网格单元重构。网格单元重构的方法可以按照以下的步骤进行。

1）循环遍历每个"实体单元"，在进行几何信息提取的同时，并将创建单元分组、创建节点和单元的 tcl 语句字符串写入文件类型为 tcl 的文本文件。

2）将 tcl 文本文件输入 HyperMesh 中生成网格单元。完成图 4.7 - 7 图中的程序流程即完成了创建网格单元的 tcl 文本文件的编写，将生成的 tcl 文本文件输入 HyperMesh 后，即可自动生成有限元网络模型。

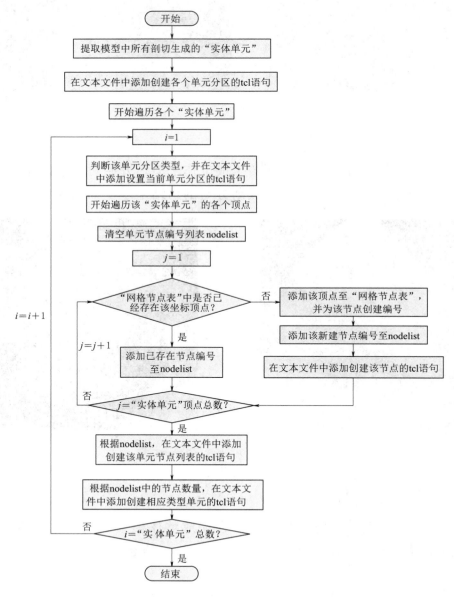

图 4.7 - 7　依据"实体单元"的网格单元重构程序流程

## 4.7.2　多种设计软件平台信息模型交互技术

### 4.7.2.1　特征映射技术

特征映射技术的实现要求不同设计单位在进行基于特征的参数化建模过程中，要遵循以下统一、标准化的建模准则。

（1）创建特征相同，要求同一模型采用相同的特征进行建模，包括相同的草图特征、形状特征和装配特征。

（2）几何参数定义相同，包括相同的几何约束部位及统一的尺寸参数和装配参数命名。

（3）模型中的构件命名相同。在满足统一、标准化建模的条件下，用户可以直接从源模型数据库中获取成套尺寸及装配参数并将其用于目标模型创建。从而实现源模型特征参数到目标模型重构的特征映射。

### 4.7.2.2　基于特征识别的重构技术

为了完整地提取三维模型特征数据，需要对 BIM 系统的三维模型特征信息进行交换，主要包括中间模型的生成、网络传输和重构。其基本要求如下。

（1）中间模型能够准确、完整、分层地描述三维模型的特征信息。其中，三维模型的特征信息包括属性尺寸信息、轮廓草图信息、参数信息、约束信息、特征名称信息、轮廓图元信息等。

（2）中间模型具有良好的文档结构。中间模型应具有能够描述三维模型构建过程信息的文档格式。三维模型的构建过程是一个树形结构，从各个部分开始，逐层构建下面的所有特征。因此，生成的中间模型的文本结构应该有一个与构建过程相对应的树形结构来描述生成过程中的历史信息。

（3）严格定义中间模型的格式。为了保证生成的中间模型文档信息的有效性和语义的一致性，在生成中间模型后，应严格定义文档格式，以保证文档的有效性。

（4）中间模型具有良好的网络传输性能。在协同设计中，目前使用最广泛的协同设计是可互操作的，这就要求网络在设计过程中能够同时满足多人对同一数据的上传与下载。因此，在加快网络传输技术的同时，生成的中性文档也需要具备良好的网络传输能力。

（5）尽量减少人为干预。为了保证文档信息的严密性，在生成中间模型的过程中应尽量减少人为干预，防止添加非三维模型特征信息的主观信息。

基于特征识别的重构技术的总体思路是：在源信息模型所在的 BIM 软件

中，提取完整的特征信息、完整的记录，然后利用事先写好的程序，对目标信息模型所在的 BIM 软件进行二次开发，获取中间模型记录的特性信息，创建目标信息模型。该技术思路也可以理解为利用 BIM 系统平台提供的开发环境，对 BIM 系统进行二次开发，查询特征模型信息，根据一定的数据结构和格式记录模型信息，输出中间模型。同样，利用接收模型信息的 BIM 系统开发环境编写接收程序，打开并处理接收 BIM 系统中的交换文件，根据特征结构历史信息进行重构。基于 BIM 软件二次开发的数据交互原理示意图如 4.7 - 8 所示。

图 4.7 - 8 基于 BIM 软件二次开发的数据交互原理示意图

基于特征识别的重构技术具体实现步骤如下。

（1）提取源信息模型的特征信息。所有基于特征建模的模型都使用特征构造历史树来记录特征建模的全过程，能够很好地描述设计者的设计意图。基于特征的参数模型的尺寸驱动也是基于特征来构造历史树，以此来控制模型形状的变化。因此，可以根据模型中提供的特征编制历史树，在源信息模型 BIM 软件中实现特征信息的读取和特征建模顺序的获取。

（2）中间模型文件的创建。中间模型文件的创建需要满足一些基本条件，比如需要包含完整源信息模型的中间模型文件的特征信息。除了描述特征的关系之外，中间模型文件的文档结构应该具有与 3D 模型构建过程相对应的树形结构，还记录了特征建模的顺序等。中性文档是一个满足上述要求的开放文档，能够较好地满足以上要求。XML 的特点是简单的语法规则，易于在任何应用程序中读取和写入数据，是唯一的数据交换公共文档。XML 语言描述数据的格式是树形结构，其对应于特征建模过程中的结构树，可以很好地描述模型的设计意图。之所以使用 XML 数据描述格式，是因为主流 BIM 软件制造商为了保护其知识的独家性和最大的商业利益，并未在 BIM 系统之间打开相应的数据交换接口，各自生成的文件有着自己的专有格式。这给使用不同架构下 BIM 系统进行设计研究的设计人员带来了巨大的挑战，同时也使得在 Internet 技术下信息模型的协同设计难度增大，而使用 XML 作为 3D 模型的数据描述方法能够较好地解决上述问题。

（3）目标信息模型的重构。通过二次开发目标信息模型所在的 BIM 软件，按顺序读取中间模型文件中包含的尺寸信息及特征信息，BIM 软件根据读取的信息对每个特征进行重建，达到重构目标信息模型的目的。

通过以上步骤，源信息模型的各个构件属性信息与目标信息模型建立一一映射的关系，并为目标信息模型所用。

## 4.8 HydroBIM 协同设计技术

HydroBIM 协同设计技术是指在水利水电工程中利用 BIM 进行各专业、各阶段之间协同的技术。其可以减少和消除潜在的错、漏、碰、缺等设计问题，提高设计效率和出图质量。

### 4.8.1 协同设计工作模式

传统水利水电工程设计的工作模式是串行流水线式，专业间信息传递的方式是点对点的网状结构，这种方式导致专业间的沟通和交流变得困难，信息的传递效率和质量也很低，最直接的影响就是设计周期长、容易产生信息孤岛。协同技术的应用引起了设计专业之间信息交流方式的变化，专业内部、专业之间及外部组织之间更多地通过并行、对等的方式来进行信息传递，各参与方之间的关系也变得非常清晰，如图 4.8-1 所示。图 4.8-1（a）表示的是传统的协同交流方式，由点对点的沟通形成一个网状网络，各方之间信息交叉较多，工作较为复杂，不易控制。图 4.8-1（b）是协同机制下的工作模式，各方并行开展工作，同时与协同中心联络，形成一个辐射状星形网络，使得信息交流更加便捷通畅。另外，协同设计过程中信息技术的应用，使得水利水电工程项目中地理分散的各参与方之间通过计算机网络联系起来，从而组成了相互协作的虚拟工作模式。这种虚拟工作的模式打破了传统组织地理分散的有形界限，按照共同的目标来建立灵活、异步、统一的工作环境，使协同设计具有更强的目标一致性，资源配置更加合理，信息分享更加容易。HydroBIM -协同设计与分析一体化平台功能界面如图 4.8-2 所示。

### 4.8.2 协同设计关键技术

目前已有许多关于协同设计中关键技术的研究，总结起来有以下几种：①协同工作管理技术；②分布式数据管理技术；③网络数据库技术；④面向对象技术；⑤安全技术；⑥异地协同工作技术；⑦协同工作中的冲突消解等。在这些关键技术中，大部分的研究理论已比较完善。商业化/开源的 BIM 协作软件中也都或多或少运用了部分技术。为了更好地适应水利水电行业协同设计的需求，以对现有的软件和产品的功能进行更深层次的延伸与定制，还涉及了以

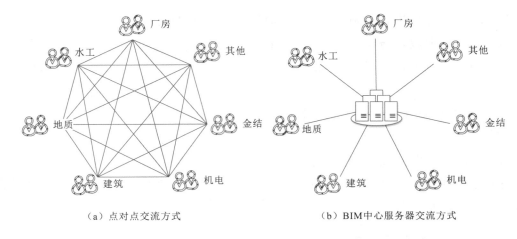

（a）点对点交流方式　　　　　　　　　（b）BIM中心服务器交流方式

图 4.8-1　传统点对点交流方式对比 BIM 中心服务器交流方式

（a）院OA系统入口　　　　　（b）项目信息管理及成员设置　　　　　（c）项目文档协同

（d）文档在线预览　　　　　　（e）数字化资源库　　　　　　（f）模型库在线预览

图 4.8-2　HydroBIM-协同设计与分析一体化平台功能界面

下的关键技术。

1. 外部应用插件技术

水利水电工程的协同设计离不开个性化的定制。目前市面上成熟的 BIM 软件基本都是有较完善的开发接口，允许用户进行自主开发定制。如 BIM Server 支持 Plugin 开发，用户可以定制自己的功能或服务，如 BIM/CAE 接口服务、模型版本比较服务等。Autodesk 公司的 BIM 系列软件也都支持 Addin 插件技术，用户可以自己进行模块定制。图 4.8-3 为平台相关的二次开发插件。

2. 模型自动检查技术

作为协同设计的主要成果，模型的质量至关重要。其不仅关系到设计者们设计意图的表达，更是后续施工运维的基础。信息模型的质量决定了其在项目

图 4.8 - 3　平台相关的二次开发插件

整个生命周期的应用广度、深度及价值实现程度。水利水电工程专业众多，每一阶段的设计成果多且复杂，模型自动检查技术能够发现如属性的质量问题、构件的编码问题等，一般只需利用自定义的规则、逻辑关系等，通过少量的代码即可实现（图 4.8 - 4）。这不仅能够很好地保证模型的正确性、准确性，而且减少了手工检查的工作量，大大提高了检查的效率。

3. 协同工作流技术

由于使用 BIM 服务器的协同工作流管理技术并不完善，无法支持协同工作中任务、信息、文档等的流转。因此需加入协同工作流技术，通过对工作流的定义、执行和管理，协调工作流执行过程中工作之间及群体成员之间的信息交互。协同工作流技术能够定义任务的先后顺序、信息交换要求等，实现协同设计过程中的任务流转和信息传递。水利水电工程协同设计一旦完成任务策划，到实施阶段将在协同工作流的指引下完成各项任务。

4. 云计算技术

水利水电工程协同设计涉及企业最基础的信息资源配置。目前水利水电企业正处于信息化快速变革的环境之中，底层信息基础设施的架构一定程度上关系到企业的信息化战略定位及竞争优势。云计算技术涉及云存储、云服务、云安全、虚拟化等多方面，目前以云计算技术为核心的柔性 IT 基础架构正成为主流的建设方向。

对水利水电企业来说，云计算技术的优势有：①能够减少在硬件资源上的

图 4.8-4 配置模型检查规则

投入；②能够实现资源的快速部署，弹性按需扩展；③云计算的稳定安全能够减少大量的维护工作。对水利水电协同设计来说，云计算能提供高性能的计算服务，协助三维数值仿真模拟与结构优化；虚拟桌面能够为分布于不同地点的设计用户提供软件平台服务；云端的存储能够使设计人员随时随地地获取到与设计相关的资料。图 4.8-5 为基于云服务的虚拟主机服务。

图 4.8-5 基于云服务的虚拟主机服务

## 4.9 HydroBIM-EPC 总承包管理技术

HydroBIM-EPC 总承包管理技术是指将 HydroBIM 理念引入到水利水电 EPC 总承包管理中，通过对总承包管理模式的研究和模型的创建，基于 B/S 架构开发 HydroBIM – EPC 项目管理系统。系统以信息化网络为平台，以 Hydro-BIM 为核心，集成了项目管理、进度管理、费用管理等多个管理内容，实现了 HydroBIM 与 EPC 管理的有机结合，提高了工程精细化管理和工程项目管理水平。

## 4.9.1　HydroBIM – EPC 关键技术

### 4.9.1.1　HydroBIM – EPC 模式研究

水利水电工程建设项目一般具有投资巨大、投资回收期长、技术复杂程度高等特点。随着社会技术经济水平的发展及建设工程业主需求的不断变化，传统模式日益显示出其勘察、设计、采购、施工各主要环节之间的互相分割与脱节、建设周期长、效率低、投资效益差等缺点。而 EPC 总承包模式可以很好地弥补这些缺点。

水利水电工程 EPC 总承包是指有资质从事水利水电工程总承包的企业受业主委托，按照合同约定对水利水电工程项目的勘察、设计、采购、施工和试运行等实行全过程的项目承包管理模式。水利水电工程 EPC 总承包的内容见表 4.9 – 1。

表 4.9 – 1　　　　　　水利水电工程 EPC 总承包的内容

| 规 划 设 计 | 采 购 | 施 工 |
| --- | --- | --- |
| 方案优化设计（含部分工程勘察） | 物质材料采购 | 土建工程 |
| 技术、施工图纸设计 | 机电设备采购 | 机电设备安装调试 |
| 施工组织与规划 | 施工合同分包 | 生态环保等 |
| 设计变更 | 设计合同分包 | 电厂试运行 |

在 EPC 总承包模式下，业主将设计、采购、施工全权委托给总承包商，并委托业主咨询机构及业主代表与总承包商进行交流和协调。总承包商一般由具备相应设计资质的工程设计院或工程咨询公司承担。总承包商对整个建设项目负责，但并不意味着总承包商须亲自完成整个建设工程项目。除法律明确规定应当由总承包商必须完成的工作外，其余工作总承包商则可以采取专业分包的方式进行。在实践中，总承包商往往会根据其丰富的项目管理经验、根据工程项目的不同规模、类型和业主要求，将设备采购、施工及安装等工作采用分包的形式分包给专业分包商。此外，EPC 总承包商委托工程咨询工程师和监理工程师对工程的整体设计、采购和施工进行全过程监督并记录，其中监理工程师直接对总承包商负责工程的进度和质量。图 4.9 – 1 展示了总承包商为设计单位时水利水电工程 EPC 总承包的管理模式。

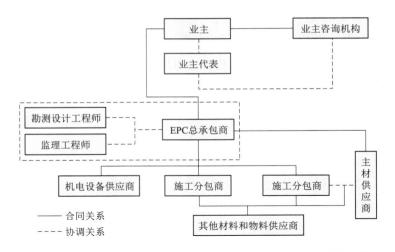

图 4.9-1 总承包商为设计单位时水利水工程 EPC 总承包的管理模式

### 4.9.1.2 HydroBIM-EPC 云服务搭建

针对 HydroBIM-EPC 项目管理的特点，为其设计并搭建专属的云服务体系，其中包括软硬件基础、网络设计与配置、云数据中心建设。云数据中心总体架构如图 4.9-2 所示。同时为方便 HydroBIM-EPC 项目管理系统的顺利

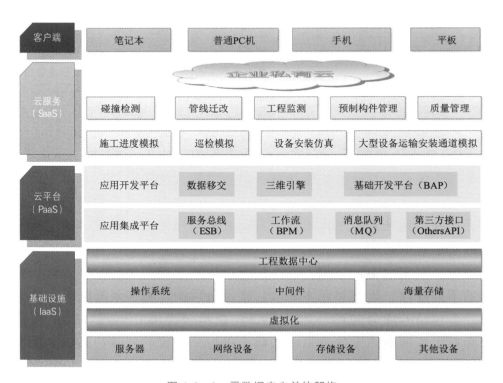

图 4.9-2 云数据中心总体架构

运作，对 HydroBIM - EPC 项目管理云平台的架构、方案、模块进行了相关设计，并为其搭建了配套的安全系统与容灾备份体系。运用云技术强大的计算、存储、传输等性能，将 HydroBIM 的技术、思想、架构等运用于 EPC 总承包项目管理平台中，形成基于 HydroBIM 的 EPC 项目的策划与合同、进度、质量、费用、招标采购等高效统一、规范协调的全过程、全方位项目管理和控制体系，为决策层提供分析决策所必需的准确而及时的信息，从而提高 EPC 项目管理整体水平，实现工程安全、节省工期、降低工程造价的目的。

#### 4.9.1.3　HydroBIM - EPC 数据库设计

HydroBIM - EPC 信息管理系统的数据库设计全过程如图 4.9 - 3 所示。

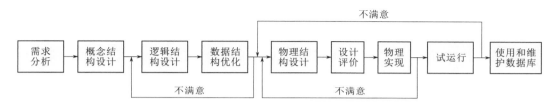

图 4.9 - 3　HydroBIM - EPC 信息管理系统的数据库设计全过程

（1）需求分析。需求分析就是要明确用户需要系统完成的功能，明确用户对系统的信息要求、处理要求、安全性及完整性要求，其重点是"数据"和"处理"，然后在此基础上构建新的计算机应用系统。同时，新系统必须考虑可能的扩充和改变，而不仅仅是按当前应用需求而设计数据库。

（2）概念结构设计。将需求分析得到的用户需求抽象为信息结构即概念模型的过程，即为概念结构设计。要求其能真实充分地反映系统各种需求，并达到在设计中易于理解，易于更改。本书中的数据库概念设计包括两步：首先抽象数据并设计局部视图；然后集成局部视图，得到全局的概念结构。也就是说按功能模块设计各子功能，然后再从整体上将各模块集成为一个整体。

（3）逻辑结构设计。逻辑结构设计的任务就是把概念结构设计的概念模型转换为与所选数据库管理产品所支持的数据模型相符合的逻辑结构。在本书中选择 SQL Server 数据库。此阶段设计的模型称为逻辑结构模型。

（4）物理结构设计。数据库的物理结构设计是在物理设备上的存储结构和存储方法，依赖于给定的计算机系统。为逻辑数据模型选取一个最适合应用要求的物理结构的过程，就是数据库的物理设计。数据库物理设计分为两个步骤：确定数据库的物理结构，在关系数据库中主要指存取方法和存储结构；对数据物理结构进行评价，重点是时间和空间的效率。

（5）数据库实施及数据库运行和维护。其主要包括数据的初始化，管理系统应用程序的编码和调试（主要指应用程序和数据库的交互），数据库的试运行、运行和维护。其中数据库的运行和维护工作主要包括：数据库转储和恢复，数据库的安全性、完整性控制，数据库性能的监督、分析和改造，数据库的重组织与重构造。

### 4.9.2 HydroBIM – EPC 的 BIM 应用分析

#### 4.9.2.1 规划设计阶段

在建设项目规划设计阶段，传统 CAD 存在很多缺点，例如二维图纸冗繁、变更频繁、错误率高、协作沟通困难等，而 BIM 具有巨大的价值优势。

（1）提高概念设计阶段决策的正确性。在概念设计阶段，设计人员需要针对拟建项目的选址、外形、方位、结构型式、施工与运营概算、耗能与可持续发展等问题作出决策。BIM 技术可以为更多的参与方投入到该阶段提供平台，并且可以对各种不同的方案进行模拟分析，提高分析决策的反馈效率，保证决策的可操作性与正确性。

（2）为各参建方提供协调平台。与 CAD 技术不同，3D 模型需要由多个 2D 平面图创建。BIM 软件可以直接在 3D 平台上绘制 3D 模型，并且 3D 模型可以生成所需的任何平面视图，这更加准确和直观。它为项目参与者（如业主、建筑方、预制构件和设备供应商）之间的沟通和协调提供了平台。

（3）有利于不同专业设计的协作进行，提高设计质量。对于传统的建筑工程设计模式来说，建筑、结构、暖通、机电、通信、消防等各专业之间很容易发生冲突，也很难解决。BIM 模型可以在空间上协调建设项目的各个系统，消除冲突，大大缩短了设计时间，减少了设计错误和漏洞。同时，结合 BIM 建模工具相关的分析软件，对拟建项目的结构合理性、空气循环、光照、温控、隔音、供水、污水处理等进行分析。基于分析结果，对 BIM 模型不断完善。图 4.9 – 4 为利用 Revit Architecture 软件建立的某水电站多专业 Hydro-BIM 模型。

（4）对于设计变更可以灵活应对。BIM 模型自动更新规则允许项目参与者灵活地响应设计变更，减少施工方和设计方持有的图纸之间的不一致情况。例如，对于施工计划的细节变更，Revit 软件会自动对所有相关位置进行更新和修改，如立面图、剖面图、3D 界面、图纸信息列表、进度、预算等。

（5）提高可施工性。设计图纸的实际可施工性是国内工程建设中经常遇到的问题。由于专业化程度的提高和我国大多数建筑工程设计施工的局限性，设计人员与施工人员之间的沟通非常少，很多设计人员缺乏施工经验，交流存在

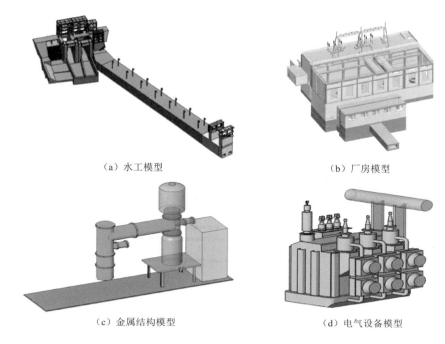

（a）水工模型　　　　　　　　　　（b）厂房模型

（c）金属结构模型　　　　　　　　（d）电气设备模型

图 4.9-4　某水电站多专业 HydroBIM 模型

障碍，容易导致施工人员无法正确地按照设计图纸进行施工。BIM 可以通过提供的 3D 平台，加强设计与施工之间的沟通，让经验丰富的施工管理人员参与到施工前期，可以构建可施工性的概念，进一步推广 EPC 总承包项目管理模式等新的项目管理模式以解决可施工性问题。

（6）为精确化预算提供便利。在任何一个设计阶段，BIM 技术都可以根据现有 BIM 模型的工程量，按照定额定价模型给出项目的总概算。随着初步设计的不断深入，项目的建设规模、设备类型、结构性质等各方面都会发生变化和修改。BIM 模型平台生成的项目预算可以为项目参与者在签订招投标合同前提供决策参考，也可以为最终的设计预算提供依据。构件关联成本信息示例如图 4.9-5 所示。

（7）利于低能耗和可持续发展设计。在设计初期，可以使用与 BIM 模型具有互用性的能耗分析软件，将低能耗和可持续发展注入到设计中，这是传统二维工具无法做到的。传统的二维技术只能在设计完成后，使用独立的能耗分析工具进行干预，大大降低了修改设计以满足低能耗要求的可能性。此外，与 BIM 模型具有互用性的其他各种软件对提高建设项目的整体质量起到了重要作用。

**4.9.2.2　招标采购阶段**

BIM 技术的推广和应用极大地提高了招投标管理的精细化和管理水平。

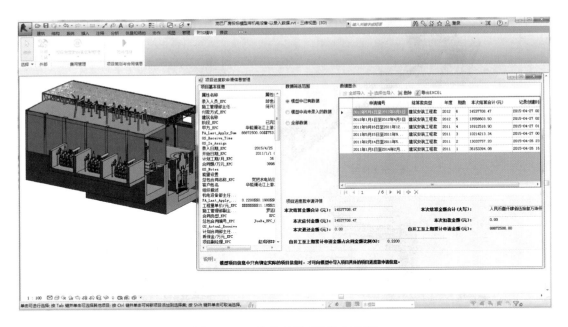

图 4.9－5 构件关联成本信息示例

在招投标过程中，招标方可以根据 BIM 模型编制准确的工程量清单，实现计算的完整、快速、准确，有效地避免漏项和错算等情况，最大限度地减少施工阶段因工程量问题而引起的纠纷。投标方可以根据 BIM 模型快速获取正确的工程量信息，并与招标文件的工程量清单进行比较，制定出更好的投标策略。

在招标控制过程中，核心关键是准确全面的工程量清单。工程量计算是招投标阶段耗费时间和精力最多的一项重要工作。BIM 是一个丰富的工程信息数据库，可以提供工程量计算所需要的真实的物理和空间信息。有了这些信息，计算机可以快速对各种零件进行统计分析，从而大大减少了手工操作的烦琐和图纸统计工作可能产生的误差，大大提高了效率和准确性。

（1）建立或复用设计阶段的 BIM 模型。在招投标阶段，各专业的 BIM 模型建立是 BIM 应用的重要基础工作。BIM 模型建立的质量和效率直接影响后续应用的成效。复用和导入设计软件提供的 BIM 模型，生成 BIM 算量模型，可以避免重新建模所带来的大量手工工作及可能产生的错误。某水电站主厂房 HydroBIM 模型如图 4.9－6 所示。

（2）基于 BIM 的快速、准确的计算。通过 BIM 计算，可以大大提高工程量计算的效率。基于 BIM 的自动计算方法将人们从手工劳动中解放出来，为更有价值的工作（如询价、风险评估等）节省了更多的时间和精力，可以更准确地利用节省下来的时间进行精确的预算。

在 BIM 计算的基础上，提高了工程量计算的准确性。工程量的计算是编

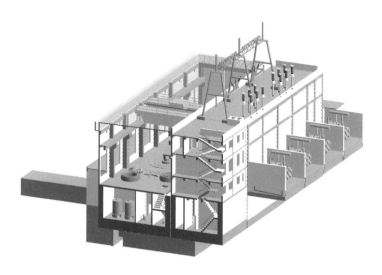

图 4.9-6 某水电站主厂房 HydroBIM 模型

制工程预算的基础，但计算过程十分烦琐，造价工程师由于各种人为因素容易造成许多计算误差。BIM 模型是一个存储项目构件信息的数据库，可以为造价人员提供造价编制所需的项目构件信息，从而大大减少了根据图纸手工识别构件信息的工作量和由此产生的潜在误差。因此，BIM 的自动计算功能可以使工程量计算工作摆脱人为因素的影响，获得更加客观的数据。墙明细表示例如图 4.9-7 所示。

| 〈墙明细表〉 | | | | |
|---|---|---|---|---|
| A | B | C | D | E |
| 功能 | 体积 | 族与类型 | 厚度 | 长度 |
| 外部 | 21.97 m³ | 基本墙：常规 | 300 | 6260 |
| 外部 | 17.58 m³ | 基本墙：常规 | 240 | 6260 |
| 外部 | 17.58 m³ | 基本墙：常规 | 240 | 6260 |
| 外部 | 17.58 m³ | 基本墙：常规 | 240 | 6260 |
| 外部 | 17.58 m³ | 基本墙：常规 | 240 | 6260 |
| 外部 | 14.88 m³ | 基本墙：常规 | 240 | 5300 |
| 外部 | 14.88 m³ | 基本墙：常规 | 240 | 5300 |
| 外部 | 18.53 m³ | 基本墙：常规 | 240 | 6260 |
| 外部 | 18.53 m³ | 基本墙：常规 | 240 | 6260 |
| 外部 | 18.53 m³ | 基本墙：常规 | 240 | 6260 |
| 外部 | 18.53 m³ | 基本墙：常规 | 240 | 6260 |
| 外部 | 15.30 m³ | 基本墙：常规 | 240 | 5300 |
| 外部 | 15.30 m³ | 基本墙：常规 | 240 | 5300 |
| 外部 | 24.99 m³ | 基本墙：常规 | 240 | 8900 |
| 外部 | 23.17 m³ | 基本墙：常规 | 240 | 8700 |
| 外部 | 15.41 m³ | 基本墙：常规 | 240 | 6260 |
| 外部 | 13.55 m³ | 基本墙：常规 | 240 | 5600 |
| 外部 | 11.50 m³ | 基本墙：常规 | 240 | 3415 |
| 外部 | 13.30 m³ | 基本墙：常规 | 240 | 3950 |
| 外部 | 15.27 m³ | 基本墙：常规 | 240 | 4535 |

图 4.9-7 墙明细表示例

（3）BIM 与采购的对接。物资采购管理是企业经营、生产和科研的重要保证。在科学技术飞速发展的今天，材料和产品种类繁多、材料产品加速发展、市场经济环境迅速变化，使得企业尤其是大中型企业，都在负责材料的采购管理并实施科学管理和信息化建设。提高物资采购管理水平、降低物资综合成本、优化物资采购模式，已成为企业不断提高自身竞争力的课题。

BIM 和采购应从供应商处开始，并与供应商建立长期的 BIM 合作模式。但是如何与供应商达成协议以建立 BIM 需要一个特定的过程。对于材料采购，企业可以在供应商的招标条款中添加一些 BIM 要求。只有满足这些要求，他们才有资格进入投标范围。信息和网络技术对企业的快速反应已成为企业采购管理不可或缺的条件和手段。使用网络缩短与供应商的距离，足不出户就可以货比三家，从而提高采购的效率和透明度，并降低暗箱操作的可能性。此外，企业可以通过互联网和历史数据建立强大的 BIM 资源数据库，并通过整合分类，检查和评估以快速选择供应商，从而保质保量地完成招标任务。某水电站主厂房机电设备招标采购信息如图 4.9-8 所示。

图 4.9-8　某水电站主厂房机电设备招标采购信息

简而言之，BIM 在提高建设项目生命周期的管理水平和生产效率方面具有无法比拟的优势。使用 BIM 技术可以提高招投标的质量和效率，有效地保证工程量清单的全面性和准确性，促进科学合理的投标报价，加强完善招投标管理水平，进一步降低风险，促进招投标市场的标准化、市场化发展。可以说，BIM 技术的全面应用将对建筑业的科技进步产生不可估量的影响，极大地提高建筑工程的集成度和施工各方的工作效率。同时，它也给建筑业的发展带来了巨大的效益，使整个生命周期的规划、设计、施工甚至整个项目的质量和效率都得到了显著的提高。

### 4.9.2.3 工程建设阶段

（1）施工前改正设计错误与漏洞。在传统的 CAD 时代，系统之间的冲突很难在二维图纸上识别，通常直到某个阶段才被发现，并且不得已进行返工或重新设计。BIM 模型集成了各个系统的设计，系统之间的冲突一目了然，在施工前纠正问题，加快施工进度，减少浪费，甚至大大减少了专业人员之间的不协调纠纷。金属结构安装碰撞监测示例如图 4.9-9 所示。

图 4.9-9 金属结构安装碰撞监测示例

（2）4D 施工模拟、优化施工方案。BIM技术将 4D 软件、项目施工进度、BIM 模型与 BIM 模型的互操作性连接起来。在动态三维模式下模拟整个施工过程和施工现场，及时发现潜在问题，优化施工计划（包括人员、场地、设备、安全问题、空间冲突等）。某土石坝工程施工进度模拟过程示例如图 4.9-10 所示。同时，4D 施工模拟还包括了脚手架、起重机、大型设备等临时建筑的进出时间，有助于节约成本，优化整体进度。

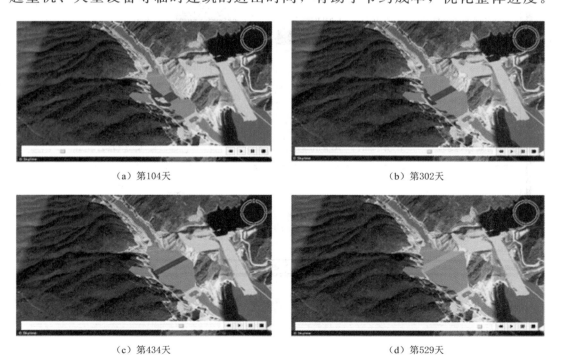

（a）第104天        （b）第302天

（c）第434天        （d）第529天

图 4.9-10 某土石坝工程施工进度模拟过程示例

（3）BIM 模型为预制加工工业化奠定基础。BIM 设计模型可以生成详细的构件模型，用于指导预制构件的生产和施工。由于零件是以 3D 的形式制作的，这有利于数控机械化的自动化生产。目前，该自动化生产模式已成功应用于钢结构加工制造、钣金制造等领域，以生产预制件、玻璃制品等。该模型便于供应商根据设计模型对所需部件进行详细设计和制造，具有精度高、成本低、进度快的特点。同时，由于周围构件与环境的不确定性，利用二维图纸施工时，可能导致构件无法安装甚至重新制造的尴尬境地，BIM 模型完美地解决了这个问题。

（4）使精益化施工成为可能。由于 BIM 模型可以提供每项工作所需的资源信息，包括材料、人员、设备等，因此其为总承包商与各分包商之间的合作奠定了基础，最大化地保证资源准时制管理，减少不必要的库存管理，减少无用的等待时间，提高生产效率，合理配置资源。P3 软件应用中的某水电站施工总进度计划管理界面如图 4.9 - 11 所示。

图 4.9 - 11　P3 软件应用中的某水电站施工总进度计划管理界面

# 第 5 章

# HydroBIM 在糯扎渡水电站的应用实践

## 5.1 应用概述

### 5.1.1 工程概况

糯扎渡水电站位于云南省普洱市思茅区和澜沧拉祜族自治县交界处的澜沧江下游干流上，是澜沧江中下游河段梯级规划"二库八级"电站的第五级（图5.1-1），距昆明市直线距离 350km，距广州市 1500km。糯扎渡水电站作为国家实施"西电东送"的重大战略工程之一，对南方区域优化电源结构、促进节能减排、实现清洁发展具有重要意义。

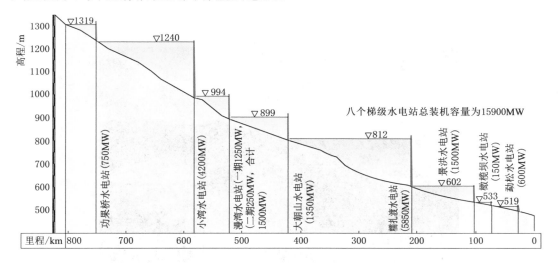

图 5.1-1 澜沧江中下游河段梯级规划"二库八级"纵剖面示意图

糯扎渡水电站以发电为主，兼有防洪、改善下游航运、灌溉、渔业、旅游和环保等综合利用任务，并对下游水电站起补偿作用。电站装机容量5850MW，电站保证出力为 240.6 万 kW，多年平均发电量 239.12 亿 kW·h，相当于每年为国家节约 956 万 t 标准煤，减少二氧化碳排放 1877 万 t。水库总库容 237.03 亿 m³。水库总投资 611 亿元。

电站枢纽由心墙堆石坝、左岸开敞式溢洪道、左岸泄洪隧洞、右岸泄洪隧洞、左岸地下式引水发电系统等建筑物组成。心墙堆石坝最大坝高 261.5m，在已建同类坝型中居中国第一、世界第三；开敞式溢洪道规模居亚洲第一，最大泄流量 31318m³/s，泄洪功率 5586 万 kW，居世界岸边溢洪道之首；地下主、副厂房尺寸 418m×29m×81.6m，地下洞室群规模居世界前列，是世界土石坝的里程碑工程。图 5.1-2 和图 5.1-3 所示为糯扎渡水电站枢纽实景图。

图 5.1-2　糯扎渡水电站枢纽实景

图 5.1-3　高 261.5m 心墙堆石坝挡水实景

工程于 2004 年 4 月开始筹建，2006 年 1 月开工建设，2007 年 11 月顺利实现大江截流，2011 年 11 月下闸蓄水，2012 年 8 月首台机组发电，2012 年 12 月大坝顺利封顶，2014 年 6 月电站 9 台机组全部投产发电（图 5.1-4），比原计划提前了 3 年。

图 5.1-4　9 台发电机组全部投产发电照片

工程运行经过 2013 年、2014 年、2015 年三个洪水期的考验，最高库水位在 2013 年及 2014 年连续两年超过正常蓄水位 812.00m，挡水水头超过 252m。电站初期运行及安全监测成果表明，工程各项指标与设计吻合较好，工程运行良好。大坝坝体最大沉降 4.19m，坝顶最大沉降 0.537m，渗流量仅 5～20L/s，远小于国内外已建同类工程；岸边溢洪道及左右岸泄洪洞经高水头泄洪检验，结构工作正常；9 台机组全部投产运行，引水发电系统工作正常。2014 年12 月，中国水电工程顾问集团有限公司的工程竣工安全鉴定结论认为：工程设计符合规程规范的规定，建设质量满足合同规定和设计要求，工程运行安全。2016 年 3 月，该工程顺利通过了由水电水利规划设计总院组织的枢纽工程专项验收现场检查和技术预验收，5 月通过枢纽工程专项验收的最终验收。该工程被专家誉为"几乎无瑕疵的工程"。

## 5.1.2　HydroBIM 应用总体思路

糯扎渡水电站 HydroBIM 技术及应用始于 2001 年可行性研究阶段，涵盖枢纽、机电、水库和生态 4 大工程，应用深度主要为：枢纽布置格局与坝型选择的三维可视化、三维地形地质建模、建筑物三维参数化设计、岩土工程边坡三维设计、基于同一数据模型的多专业三维协同设计、基于 BIM/CAE 集成技术的建筑物优化与精细化设计、大体积混凝土三维配筋设计、施工组织设计（施工总布置与施工总进度）仿真与优化技术、设计施工一体化、设计成果数字化移交等。糯扎渡水电站规划设计三维图与工程完建照片对比见图 5.1-5，数字大坝应用思路见图 5.1 - 6。成果主要包括三维地质建模、三维协同设计、BIM/CAE 集成分析、施工可视化仿真与优化、水库移民、生态景观 3S 及 BIM 集成设计、三维施工图和数字移交等。

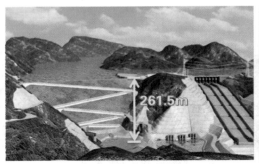

（a）规划设计的三维工程图

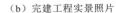

（b）完建工程实景照片

（c）枢纽工程三维设计图

（d）已建工程航拍照片

图 5.1 - 5　糯扎渡水电站规划设计三维图与工程完建照片对比

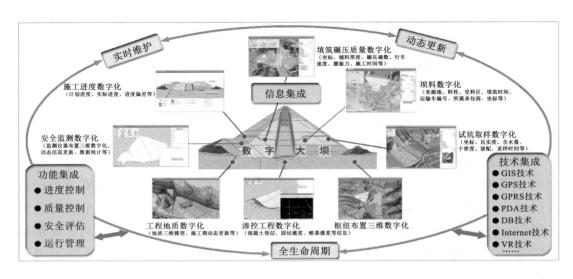

图 5.1 - 6　糯扎渡水电站数字大坝应用思路

## 5.2 规划设计阶段 HydroBIM 应用

### 5.2.1 数字化协同设计流程

糯扎渡水电站三维设计以 ProjectWise 为协同平台，测绘专业通过 3S 技术构建三维地形模型，勘察专业基于 3S 及物探集成技术构建初步三维地质模型，地质专业通过与多专业协同分析，应用 GIS 技术完成三维统一地质模型的构建，其他专业在此基础上应用 AutoCAD 系列三维软件 Revit、Inventor、Civil 3D 等开展三维设计，设计验证和优化借助 CAE 软件模拟实现；应用 Navisworks 完成碰撞检查及三维校审；施工专业应用 AIW 和 Navisworks 进行施工总布置三维设计和 4D 虚拟建造；最后基于云技术实现三维数字化成果交付。报告编制采用基于 Sharepoint 研发的文档协同编辑系统来实现。三维协同设计流程见图 5.2-1。

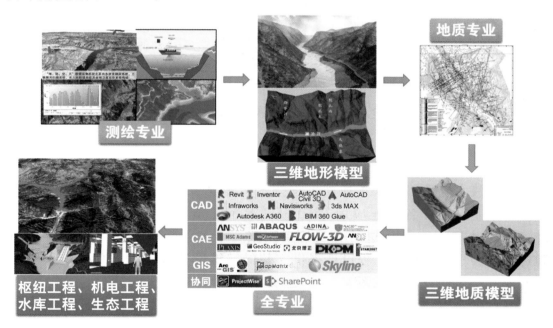

图 5.2-1 三维协同设计流程图

### 5.2.2 基于 GIS 的三维统一地质模型

糯扎渡水电站工程充分利用已有地质勘探和试验分析资料，应用 GIS 技术初步建立枢纽区三维地质模型。在招标及施工图阶段，研发地质信息三维可视化建模与分析系统 NZD-VisualGeo。根据最新揭露的地质情况，快速修正地质信息三维统一模型，为设计和施工提供了交互平台，提高了工作效率和质量。图 5.2-2 为糯扎渡水电站基于 GIS 的三维统一地质模型。

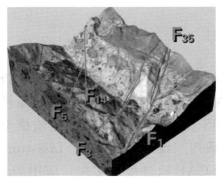

（a）枢纽区三维地质模型

（b）糯扎渡水电站三维模型

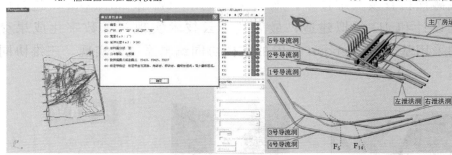

（c）NZD-VisualGeo 系统　　　　　　　　（d）地下洞室群三维模型

图 5.2-2　糯扎渡水电站基于 GIS 的三维统一地质模型

### 5.2.3　多专业三维协同设计

糯扎渡水电站工程基于逆向工程技术，实现了 GIS 三维地质模型的实体化。在此基础上，各专业应用 Civil 3D、Revit、Inventor 等直接进行三维设计，再通过 Navisworks 进行直观的模型整合审查、碰撞检查、3D 漫游、4D 建造等，为枢纽、机电工程设计提供完整的三维设计审查方案。图 5.2-3 为多专业三维协同设计示意图。

### 5.2.4　BIM/CAE 集成分析

#### 5.2.4.1　BIM/CAE 集成"桥"技术

BIM/CAE 集成"桥"技术是指高效地导入 BIM 平台完成的几何模型，将连续、复杂、非规则的几何模型转换为离散、规则的数值模型，最后按照用户指定的 CAE 求解器的文件格式进行输出的一种技术。

在 BIM/CAE 集成系统中增加一个"桥"平台，专职于数据的传递和转换，

图 5.2 - 3 多专业三维协同设计示意图

在解放 BIM、CAE 的同时，让集成系统中的各模块分工明确，不必因集成的顾虑而对 BIM 平台、CAE 平台或开发工具有所取舍，具有良好的通用性。改变以往的"多模型-多 CAE"混乱局面为简单的"多模型-'桥'-多 CAE"。

经比选研究，选择 Altair 公司的 HyperMesh 作为"桥"平台，采用 Macros 及 tcl/Tk 开发语言，实现了与最广泛的 BIM、CAE 平台间的数据通信及复杂地质、结构模型的几何重构及网格生成。BIM/CAE 集成分析流程如图 5.2 - 4 所示。

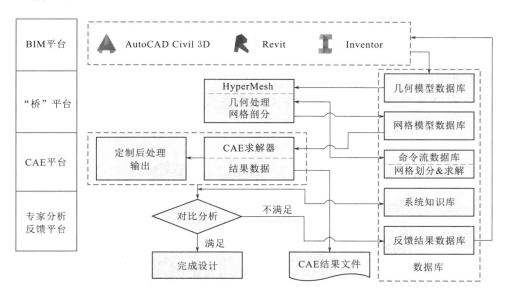

图 5.2 - 4 BIM/CAE 集成分析流程图

支持导入的 BIM 软件：AutoCAD Civil 3D、Revit、Inventor 等。

支持导出的 CAE 软件：ANSYS、ABAQUS、Flac 3D、Fluent 等。

### 5.2.4.2 数值仿真模拟

基于桥技术转换的网格模型，对工程结构进行应力应变、稳定、渗流、水力学特性、通风、环境流体动力学等模拟分析（图 5.2-5），快速完成方案验证和优化设计，大大提高了设计效率和质量。

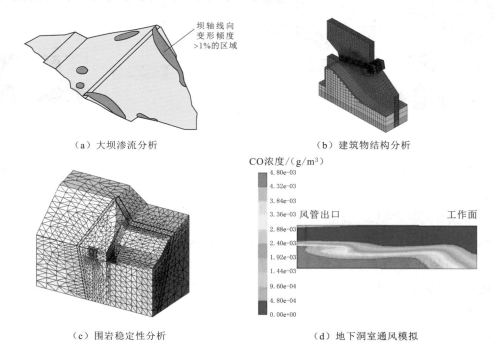

（a）大坝渗流分析　　　　　　　　　　（b）建筑物结构分析

（c）围岩稳定性分析　　　　　　　　　（d）地下洞室通风模拟

图 5.2-5　糯扎渡工程数值仿真模拟成果

　　根据施工揭示的地质情况，结合 BIM/CAE 集成分析和监测信息反馈，实现地下洞室群及高边坡支护参数的快速动态调整优化，确保工程安全和经济。图 5.2-6 为糯扎渡地下洞室群数值模拟成果。

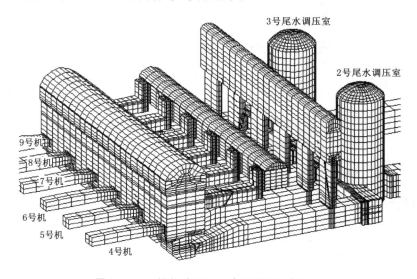

图 5.2-6　糯扎渡地下洞室群数值模拟成果

### 5.2.5 施工总布置与总进度

施工总布置优化：以 Civil 3D、Revit、Inventor 等形成的各专业 BIM 模型为基础，以 AIW 为施工总布置可视化和信息化整合平台（图 5.2-7），实现模型文件设计信息的自动连接与更新，方案调整后可快速全面对比整体布置及细部面貌，分析方案优劣，大大提升施工总布置优化设计效率和质量。

施工进度和施工方案优化：应用 Navisworks 的 TimeLiner 模块将 3D 模型和进度软件（P3、Project 等）链接在一起（图 5.2-8），在 4D 环境中直观地对施工进度和过程进行仿真，发现问题，可及时调整优化进度和施工方案，进而实现更为精确的进度控制和合理的施工方案，从而达到降低变更风险和减少施工浪费的目的。

（a）石料厂三维布置图

（b）弃渣与存渣场三维布置图

图 5.2-7（一） 糯扎渡枢纽工程施工布置图

（c）人工掺合料场三维布置图

（d）混凝土系统三维布置图

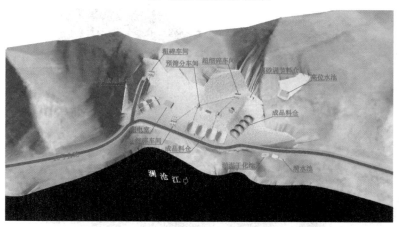

（e）左岸上游砂石加工系统三维布置图

图 5.2－7（二）　糯扎渡枢纽工程施工布置图

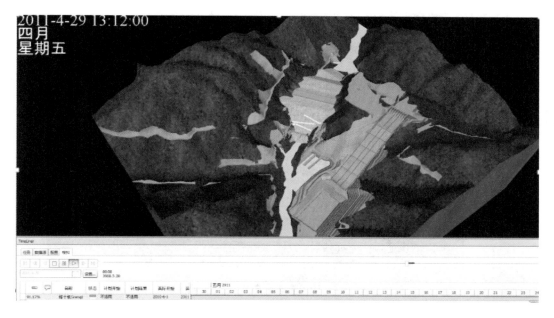

图 5.2 - 8 糯扎渡水电站施工总进度 4D 仿真

### 5.2.6 三维出图质量和效率

三维标准化体系文件的建立、多专业并行协同方式确立、设计平台下完整的参数化族库、三维出图插件二次开发、三维软件平立剖数据关联和严格对应可快速完成三维工程图输出，以满足不同设计阶段的需求，有效地提高了出图效率和质量。参数化族库见图 5.2 - 9～图 5.2 - 11，二次开发三维出图插件见图 5.2 - 12。

图 5.2 - 9 安全监测 BIM 模型库

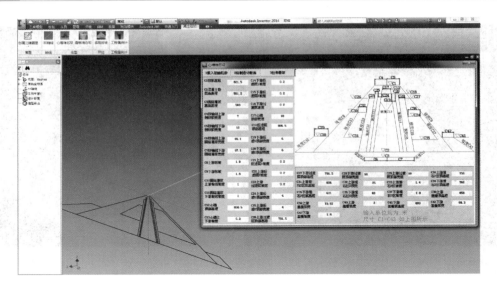

图 5.2-10　水工参数化设计模块

图 5.2-11　机电设备族库

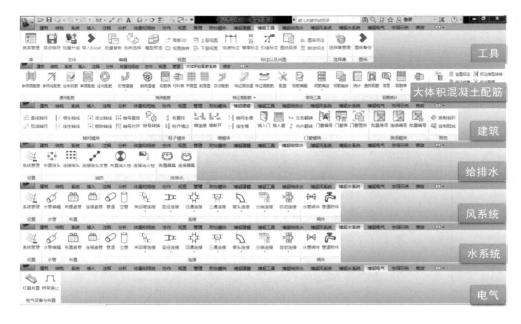

图 5.2-12　二次开发三维出图插件

### 5.2.7  数字化移交

基于 HydroBIM 综合平台，协同厂房、机电等专业完成糯扎渡水电站厂房三维施工图设计，应用基于云计算的建筑信息模型软件 Autodesk BIM 360 Glue 把施工图设计方案移到云端移交给业主，聚合各种格式的设计文件，高效管理，在施工前排查错误，改进方案，实现真正的设计施工一体化协同设计。三维协同设计及数字化移交大大提高了"图纸"的可读性，减少了设计差错及现场图纸解释的工作量，保证了现场施工进度。同时，图纸中反映的材料量统计准确，有力保证了施工备料工作的顺利进行，三维施工图得到了电站筹备处的好评。图 5.2－13 为糯扎渡水电站数字移交系统。

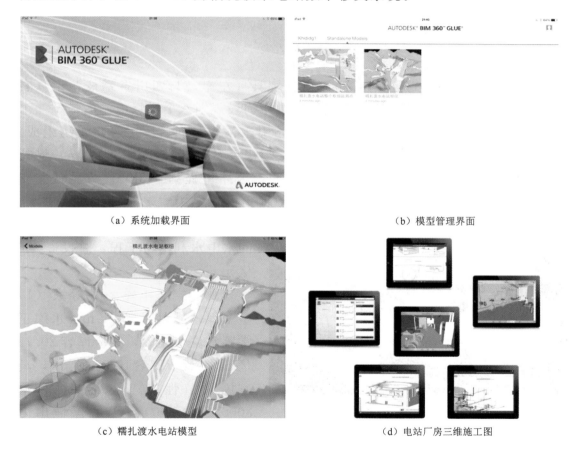

（a）系统加载界面　　　　　　　　　　（b）模型管理界面

（c）糯扎渡水电站模型　　　　　　　　（d）电站厂房三维施工图

图 5.2－13　糯扎渡水电站数字移交系统

# 第 6 章

# HydroBIM 在观音岩水电站的应用实践

## 6.1 应用概述

### 6.1.1 工程概况

观音岩水电站位于云南省丽江市华坪县（左岸）与四川省攀枝花市（右岸）交界的金沙江中游河段，为金沙江中游河段规划八个梯级电站的最末一个梯级。枢纽主要由挡水、泄洪排沙、电站引水系统及坝后厂房等建筑物组成。电站坝址距攀枝花市公路里程约 27km，距华坪县城公路里程约 42km。攀枝花市距成都市公路里程约 768km，距昆明市公路里程约 333km。成昆铁路支线格里坪站距坝址直线距离约 10km。工程是以发电为主，兼顾防洪、供水、库区航运及旅游等综合利用效益的水电水利枢纽工程，总投资 286 亿元。

观音岩水电站为 I 等大（1）型工程，最大坝高 159m，水库正常蓄水位 1134m，相应库容 20.72 亿 $m^3$，调节库容 5.55 亿 $m^3$，具有周调节性能。电站装机容量 3000（5×600）MW，保证出力 1392.8MW，年发电量 137.22 亿 kW·h，年利用小时数 4540h。水电站厂房土建、机电及金属结构设备采购安装总投资约 43 亿元。图 6.1-1 为观音岩水电站实景。

图 6.1-1 观音岩水电站实景

### 6.1.2 项目背景

水电项目的施工是一项复杂的系统工程，具有参与人员多、整个枢纽工程布置复杂、占地范围大和施工工期紧的特点。特别是主厂房的施工混凝土浇筑量大，涉及多专业配合，工序复杂，是控制整个水电站建设质量和进度的关键之一。

三维 BIM 设计方式带来了水电设计手段的革命，但施工单位进行施工的时候，其依据依然是 BIM 模型生成的纸版施工蓝图，具有一定的局限性，三维设计的优势没有得到全方位的、深入的体现。工程建设各方的数据信息交互也存在一定的延时性。如何提高设计交底的质量与效率、全面快捷地展示设计成果与设计意图，是摆在设计单位面前的一个重要课题。

### 6.1.3  HydroBIM 应用总体思路

观音岩水电站 HydroBIM 应用采用全流程三维设计，各专业所建立的三维模型，与 CAE 分析软件相结合直接进行 BIM/CAE 集成式应用，通过涵盖全专业的三维设计平台开展协同设计及三维出图，同时借助云数据服务技术完成设计数据的管理与发布，最终通过数字化成果移交与虚拟仿真施工交互进行施工指导。

观音岩水电站厂房是第一个应用 HydroBIM 设计平台的工程，要求在可行性研究阶段、招标阶段、施工详图阶段采用全三维设计，在施工详图阶段要求厂房设计全部专业开展三维协同工作。其软件系统应用见表 6.1－1。

表 6.1－1                观音岩水电站软件系统应用

| 业务需求/专业设计 | 软 件 系 统 |
|---|---|
| 三维协同平台 | Bentley ProjectWise |
| 地质 | 三维建模软件土木工程三维地质系统（GeoBIM） |
| 厂房、建筑、机电 | Autodesk Revit |
| 金属结构 | Autodesk Inventor |
| 大体积分析计算 | ANSYS |
| 钢筋出图 | 三维钢筋图绘制辅助系统 |

为便于下序专业按照上序专业的最新设计成果及时更新设计，高效解决传统二维出图错、漏、碰严重的问题，观音岩水电站厂房设计在 ProjectWise 平台下，要求各专业并行开展三维模型设计，方便各专业的最新设计成果实时反映在三维模型上，同时并行的协同设计方式也更加高效。

工程在可行性研究阶段、招标阶段、施工详图阶段均全面开展三维设计，各阶段厂房三维模型示意图如图 6.1－2 所示。参与专业涵盖水工厂房、水力机械、电气一次、电气二次、金属结构、通风空调、消防、通信、建筑、测绘、地质等全部专业。

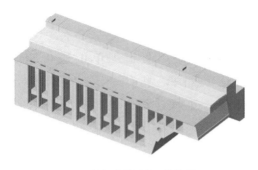 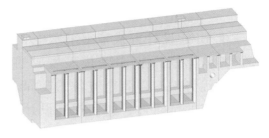

（a）招标阶段厂房三维模型　　　　　　　　（b）可行性研究阶段厂房三维模型

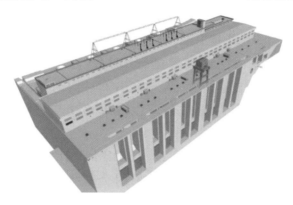

（c）施工详图阶段厂房三维模型

图 6.1－2　各阶段厂房三维模型示意图

在各专业提交给业主的施工图纸中，除板、梁、柱钢筋图采用将 Revit 模型导入 PKPM 计算分析出施工图的方式完成外，其他均要求在三维平台直接完成，并借助 Revit 软件下二次开发的"大体积复杂结构三维钢筋图绘制辅助系统"开展观音岩水电站厂房施工图设计工作。

## 6.2　HydroBIM 三维设计平台

### 6.2.1　平台架构

现有设计软件多为商业化的成品化软件，不同软件供应商的产品难免会形成一个个数据孤岛，致使数据信息无法关联起来，需要大量的人为干预核对，因此常出现由于数据不一致产生的设计错误。由于数据的孤立性，无法统一对数据进行科学管理，更实现不了有效的数据源统一输出，业主也就无法从设计源头获得规范的设计成果数据。

HydroBIM 设计平台通过建立统一的数据库，从而做到数据唯一。该平台一方面整合多款设计软件，将设计流程和专业协同固化在软件流程中；另一方面集成人力资源管理、工程信息管理等工程管理功能，使之和平台工作流程有机结合，进而实现科学的项目管理和设计标准化，实现对设计数据的规范管理，为施工交互、自动数字化移交奠定基础。HydroBIM 设计平台框架如图6.2－1所示。

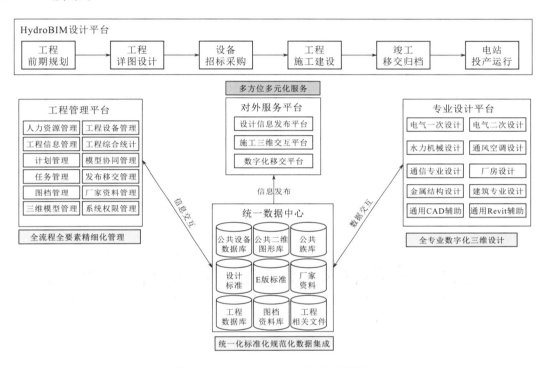

图 6.2－1　HydroBIM 设计平台框架图

### 6.2.2　平台目标

HydroBIM 设计平台将信息化技术融入企业协作模式和管理体系：一方面，创建高效优质的数字化系统平台，作为提升企业市场竞争力的科技支撑；另一方面，建设基于项目的全过程把控的长效管理平台，实现企业工程信息的多元化分享。

根据工程管理框架体系中集成的各类工程信息，为工程建设单位提供全面的工程项目管理服务，设计方的设计数据可以实时与客户端平台对接，提供数据更新服务。应用先选的三维设计手段和强大的数据管理功能，实现对施工过程的进度、质量、成本管理。

利用平台功能实现对工程建设单位的智能数字化移交，将水电站 BIM 模型也作为设计成果进行数字化移交，并提供良好的三维浏览界面来支持 BIM 浏览。平台可面向全生命周期项目管理，整个数据流都可以顺畅传递流转应用。通过平台设计移交与发布，满足设计方与其他关联方的良好互动，提高设计工作效率与设计技术水平，并为运维打下数据基础。

### 6.2.3　平台功能

HydroBIM 设计平台整合三维设计软件、CAE 分析软件、协同工作软件，以数据驱动为核心，拉通整个设计流程，简化设计步骤，实现设计流程的自动化，上序的设计成果将自动作为下序的设计依据，自动通过平台传递，无须人工干预，减少人为操作错误、提高设计效率和质量。其主要由以下几个子模块组成。

（1）工程设计数据平台。收集水电工程设计中涉及的基础数据、族库模型、二维图形、设计标准、体系管理文件、厂家资料等六大类数据。经过数据分析与统计，建立数据标准化规范，形成专业化的设计数据管理平台，满足数据录入、维护、管理海量公共数据库及接口访问的应用需求。图 6.2 - 2 为设计数据平台界面。

图 6.2 - 2　设计数据平台界面

（2）一体化协同工程设计平台。建立满足厂房、建筑、消防、电气一次、电气二次、水机、通风、通信、金属结构专业业务需求的设计平台。实现各个专业的系统图设计、原理图设计、布置设计及专业计算整合，通过设计软件的大量二次开发和定制，实现各专业多软件之间的交互、对接，提高设计产品的质量，增大设计产品的信息容量，并通过设计管理平台完成设计移交与发布，满足设计与其他关联方的良好互动，提高设计工作效率与设计技术水平。工程设计平台实现设计软件在平台中进行整合。一体化协同工程设计平台界面如图6.2-3所示。

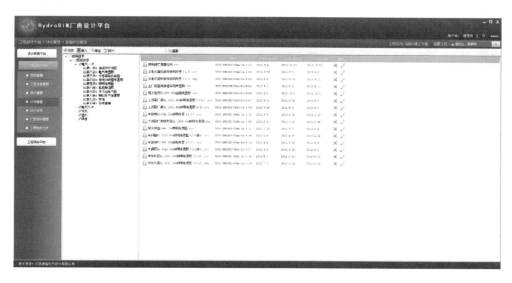

图 6.2-3　一体化协同工程设计平台界面

（3）可视化工程综合管理平台。设计是水电站建设数据的源头，通过前述的工程设计数据管理平台与一体化协同工程设计平台，结合业主的管理目标，集成管理水电工程信息，建立起可视化工程综合管理平台，界面如图6.2-4所示。提供工程人员信息查询、工程概况查询、工程参与人员及角色查询、绩效考核、工程计划与进度查询、各类机电设备的使用状况查询等功能；满足工程管理人员从全局、全方位掌握工程建设概况、进度执行情况、关键设备信息的要求；通过多工程的对比分析，实现辅助工程管理过程的实时监控与决策指导。

（4）设计信息发布平台。设计信息发布平台基于工程设计数据平台而建立，保证设计信息透明公开，能够即时面向业主单位发布工程信息，实现工程业主单位对于水电工程建设的设计管理。图6.2-5所示为观音岩水电站设计信息发布平台登录界面。

（5）基于云的数字化移交平台。传统的工程设计成果通过纸质图纸、文件等形式进行施工交互。设计变更通过传真或网络向施工现场发送设计变更通知单。这些处理流程使信息的传递存在一定的滞后性，且不同区域或专业图纸间缺乏联系。施工人员在施工前需要仔细阅读多张图纸，增加了施工难度。同

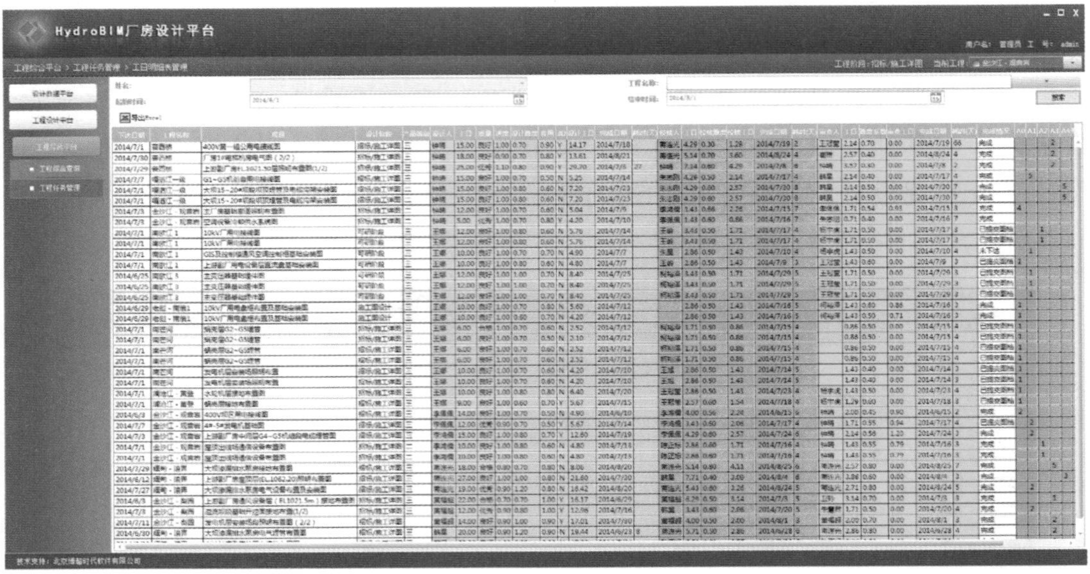

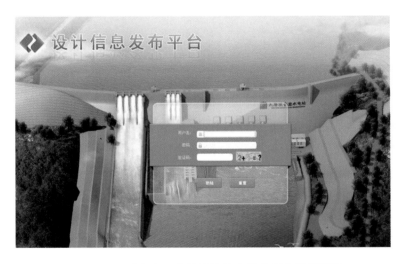

图 6.2 - 4 可视化工程综合管理平台界面

图 6.2 - 5 观音岩水电站设计信息发布平台登录界面

时，现场施工人员面对大量的图纸和更改通知单也容易出现失误，不能及时更新工程信息或是使用错误版本图纸，严重影响施工进度和质量。

为解决上述问题，观音岩水电站项目建立了基于云的数字化移交平台，应用场景见图 6.2 - 6。该平台是一个动态更新的系统。设计人员根据最新设计成果及现场更改通知，及时对云账户内的模型、图纸及相关文件进行更新维护，用户可直接通过移动电子设备客户端通过网络从云服务器上实时得到最新的设计成果，及时更新现场工程信息。

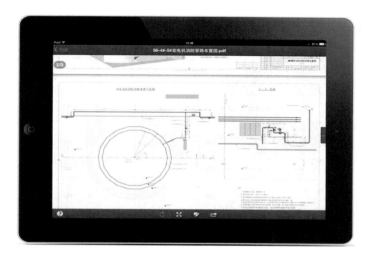

图 6.2 - 6　基于云的数字化移交平台应用场景

（6）施工三维交互平台。在施工交互方面，平台将通过虚拟仿真技术将三维模型直接用于指导现场施工管理，使现场施工管理人员能及时全面地了解设计数据信息，通过移动电子设备，就可进行准确施工，迅速查找设计数据信息。施工三维交互平台应用场景见图 6.2 - 7。三维实时仿真功能，使设计施工人员提前全面了解电站结构和布置，在每一个系统施工前就能全面掌握整体布局，更好地协调施工进度和工艺，保证电站建设的高质量、高效率。

图 6.2 - 7　施工三维交互平台应用场景

施工三维交互平台可实现三维模型实时漫游浏览（示例见图 6.2 - 8）、设备模型属性查询、测量等功能，补充纸版图纸表现不全面的缺陷和快速查找需要的工程数据信息。三维交互平台便于工程业主方全方位查阅工程建设成果、计划与执行情况，辅助工程业主单位对工程建设的监控和未来决策。

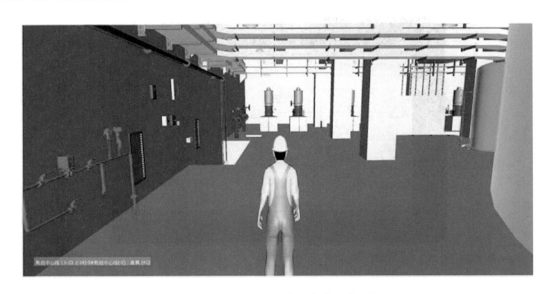

图 6.2 - 8    三维模型实时浏览漫游示例

## 6.3    观音岩水电站中的 HydroBIM 应用

### 6.3.1    三维协同设计

（1）标准协同平台。在二维 CAD 时代，协作设计缺少一个统一的技术平台，人们的协作设计通常通过电话或者纸质文件进行，效率低下且难以避免错漏碰问题。为解决多专业协同设计问题，观音岩水电站设计工作中引入 Bentley 公司的数据库管理软件 ProjectWise 作为三维协同设计平台，并通过二次开发将其嵌入 Autodesk 系列三维设计软件和 Office 等常用办公软件中，见图 6.3 - 1。同时结合自主研发的文档协同系统作为文档编辑的协同平台，实现多项目组成员对同一个文档的异步管理和协同编辑。

（2）标准协同规则。针对观音岩水电站三维设计建立了三维协同设计标准目录树，如图 6.3 - 2 所示，并在各专业 HydroBIM 技术规程中对多专业协同规则、权限等做了明确规定。三维设计中各专业项目成员均基于协同平台开展设计，各专业在一个集中统一的环境下工作，随时获取所需的项目信息，了解其他设计人员正在进行的工作和其他专业设计的最新变化，避免设计中存在的错漏碰问题，既提高了效率，又保证了质量。

（3）标准协同流程。测绘专业通过现场测量提供三维地形资料，地质专业通过分析多方成果，采用自主研发三维建模软件土木工程三维地质系统（GeoBIM）建立三维地质模型，其他各专业在此基础上开展枢纽布置及建筑

（a）Office

（b）Revit

图 6.3-1 ProjectWise 在 Office 和 Revit 中的应用界面

图 6.3-2 观音岩水电站三维协同设计标准目录树结构

物细部设计。坝工和金属结构应用 Inventor 软件；厂房、建筑、机电等应用 Revit 软件。厂房和金属结构使用 CAE 分析软件对厂房结构和闸门进行分析计算。各专业协同合作，完成坝工、金属结构、厂房建筑、机电的 BIM 建设，在此基础上开展三维出图和施工交互服务。图 6.3 - 3 为观音岩项目的协同流程。

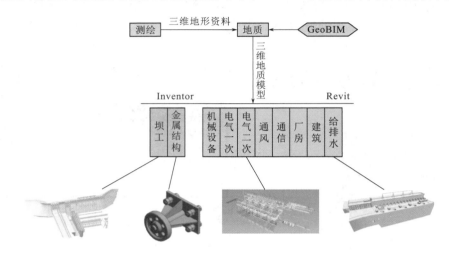

图 6.3 - 3　观音岩项目的协同流程

## 6.3.2　三维设计模型质量控制

### 6.3.2.1　建模质量控制

族作为模型的最小单元，其质量直接影响模型总体质量。观音岩水电站设计工作中，在模型整体建设和布置过程中也对质量和各专业配合做出了严格规定。

（1）建族。族分为系统族和自建族，为了保证族的质量，在建模过程中尽量采用系统族。在系统族不满足要求的情况下，调用 HydroBIM 厂房设计平台族库内的企业自建族。如需要使用的族比较特殊，不是常规化产品族，则需使用者或平台族库维护员按照 HydroBIM 技术规程体系中规定的建族流程自建族，建族流程中需对族样板选择、族命名规则、族类型、族插入点、族的详细程度、族的参数驱动形式、族参数分类等进行了详细的规定。经过严格的评审程序确认后才可调用。HydroBIM 厂房设计平台内的三维族库统一对 Revit 中使用的族进行分类管理，在 Revit 软件中设有族库调用插件，方便族的查询和调用布置。

（2）厂房布置。观音岩水电站厂房各专业三维协同工作模式采用"链接模型"方式。"链接模型"方式指不同专业的子文件以链接的方式共享设计信息的协同工作方法。其特点是各专业主体文件独立、文件较小、运行速度快，主体文件可以随时链接其他子文件信息，但是无法在主体文件中直接编辑链接文件。该模式保证了设计师只能对当前编辑的模型文件有编辑权限，对其他链接文件只有借用查看的权利，有效避免了误操作造成的对模型的错误修改。

对厂房内设备布置进行合理的成组，将散落的个体连接为一个整体。整体文件可以进行阵列、复制等编辑操作，便于快速设备布置和修改。同时成组的文件区域更大，有效避免了由于人为失误，将小设备误删除。

在三维并行设计协同下，各专业工程师间及时同步项目文件，共享设计信息，有效解决了传统设计中信息交互滞后和沟通不及时的问题，提高了建模质量和效率。

### 6.3.2.2　碰撞检查

观音岩水电站针对模型的碰撞检查问题采用两种模式，以确保三维模型中不存在碰撞冲突。

（1）在设计软件内碰撞检查。Revit 三维设计软件自身具有碰撞检查功能，如图 6.3-4 所示，能快速准确地帮助用户确定某一项目中图元之间或主体项目和链接模型间的图元之间是否互相碰撞，方便设计人员在做方案设计时自查。

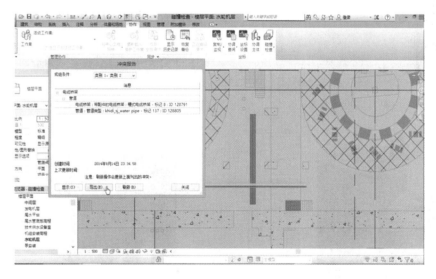

图 6.3-4　Revit 软件碰撞检查

（2）在设计软件外碰撞检查。通过将 Revit 模型导入到 Navisworks 中，对三维模型通过实时动态漫游和自动碰撞检查。该方式适用于校核审查人员对三维设计方案的碰撞检查。

### 6.3.3　BIM/CAE 集成应用

水电站设计中常碰到大体积异形复杂结构计算，均需进行 CAE 分析计算，但目前常用 CAE 分析软件建模过程烦琐复杂，而 Autodesk 系列三维设计软件建模方法简单快速。因项目设计中均已建立相关三维模型，项目实施过程中为了简化计算分析过程，避免重复性建模，应用了 BIM/CAE 集成应用技术，实现将 Autodesk 系列三维设计软件中实体模型经转换导入 CAE 分析软件中进行计算分析。根据 CAE 分析结果，对三维模型进行优化后利用三维钢筋图绘制辅助系统可完成相关结构配筋及出图。图 6.3－5 为厂房整体结构的 CAE 分析。

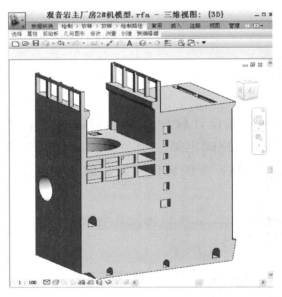

（a）厂房 Revit 模型　　　　　　　　　（b）导入 ANSYS 中的模型

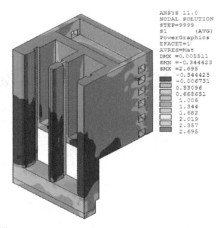

（c）计算结果云图

图 6.3－5　厂房整体结构的 CAE 分析

## 6.3.4 三维出图质量和效率

观音岩水电站通过多方比对最终确认采用 Revit 软件出施工详图。采用全专业三维施工详图出图的模式，在保证了产品设计精确性的同时，缩短了设计周期，提高了设计产品质量。观音岩水电站厂房参与设计的全部专业均从三维设计平台直接出施工图，所提供施工图纸均为三维图纸。施工图纸均从三维模型直接剖切生成，其平立剖及尺寸标注自动关联变更，有效解决错漏碰问题，减少图纸校审工作量，与二维 CAD 相比，三维出图效率提升 50%以上。

### 6.3.4.1 出图质量控制

三维出图结合传统制图规定及 HydroBIM 技术规程体系，针对三维设计软件本地化方面做了大量二次开发工作，建立了三维设计软件本地化标准样板文件及三维出图元素库，并制定了《三维制图规定》，对三维图纸表达方式及图元的表现形式（如线宽、各材质的填充样式、度量单位、字高、标注样式等）做了具体规定，有效地保障了三维出图质量。

### 6.3.4.2 出图流程

各专业基于协同平台开展各自的三维设计，链接对应的子模型文件进行出图。在平面视图下进行视图编辑，包括图面显示区域、尺寸标注、出图界面处理、注释等处理；在平面区域上利用剖面插件快速创建剖面，并在剖面视图里做视图编辑；在三维视图里编辑出图区域，进行简单的注释与视图间关联对应。

在平面、剖面、三维视图都编辑好的情况下，调用图框族建立图纸文件，设置各视图出图比例，可以在一个图纸中添加不同比例的视图。将平面、剖面、三维视图拖到图纸文件上完成视图放置，利用二次开发的材料统计插件快速生成材料表，将材料表在绘制视图下拖到图纸文件中，进行简单的图纸说明编辑，便可快速生成三维图纸。图 6.3-6 为三维出图流程简图。

### 6.3.4.3 三维出图插件二次开发

针对 Revit 软件进行大量的二次插件开发，提高出图质量和效率。观音岩水电站中主要应用了电气插件、给排水插件、通用插件、建筑插件、水系统插件、风系统插件，如图 6.3-7 所示。通过使用二次开发的插件，使三维设计更加便捷，提高了工程师的建模质量和效率，大大提升了出图效率。

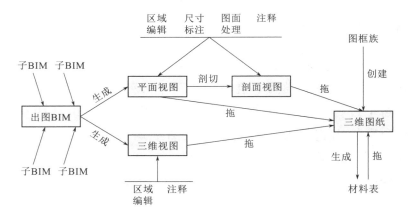

图 6.3 - 6 三维出图流程简图

（a）电气插件

（b）给排水插件

（c）通用插件

（d）建筑插件

（e）水系统插件

（f）风系统插件

图 6.3 - 7 三维出图二次插件

#### 6.3.4.4 三维钢筋绘制辅助系统

在水电站厂房施工详图设计工作中，钢筋施工图设计是厂房设计工作中图纸量最大的一个环节。为探索和解决三维钢筋模型的建立方法及钢筋施工详图的出图等问题，基于 Revit 软件开发了大体积复杂结构三维钢筋图绘制辅助系统。该系统主要包括通用配筋、特殊配筋、特征面配筋、常用工具、钢筋统计、钢筋标注 6 个模块共 31 个子功能，解决了观音岩水电站大体积复杂结构三维钢筋建模、钢筋自动编号、钢筋表和材料表自动生成、钢筋图出图等问题。大体积复杂结构三维钢筋绘制辅助系统功能详见表 6.3-1。

表 6.3-1　　　　大体积复杂结构三维钢筋绘制辅助系统功能列表

| 模　块 | 功　　能 | 功　能　描　述 |
|---|---|---|
| 通用配筋 | 参照面配筋、参照线配筋、绘制钢筋、单面配筋、径向配筋 | 根据选择的配筋方式和设置的钢筋直径、间距自动配筋，遇孔自动截断并按设置弯折锚固 |
| 特殊配筋 | 肘管建模、蜗壳建模、钢筋表、材料表、平面图、剖面图 | 根据单线图自动生成肘管、蜗壳三维模型并可自动配筋，可根据选择自动生成平面图及剖面图，自动统计钢筋表、材料表 |
| 特征面配筋 | 自动配筋、特征面创建、特征面配筋 | 根据选择的配筋方式和设置的钢筋直径、间距自动配筋，遇孔自动截断并按设置弯折锚固 |
| 常用工具 | 配置、钢筋编辑、钢筋编组、钢筋融合 | 主要为初始设置及后处理工具。配置功能可设置钢筋直径、间距、保护层等；后处理功能主要为钢筋直径、锚固长度、弯钩形式等修改 |
| 钢筋统计 | 统计、查找钢筋信息、钢筋表、材料表 | 统计、查询钢筋编号、直径、根数、长度等信息，自动生成钢筋表、材料表 |
| 钢筋标注 | 钢筋标注、全图标注、标注类型转换、标注检查、标注配置、钢筋查找、禁用自动更新 | 自动全固标注钢筋，钢筋标注自动更新，钢筋查找功能便于校审人员快速搜索目标钢筋 |

（1）三维钢筋建模配筋。根据需配筋的 Revit 构件，选取合适的配筋方式，系统可根据指定的钢筋直径及间距自动完成选择模型的配筋及钢筋编号，根据出图需要指定"平、立、剖"位置后程序可自动生成"平、立、剖"并标注钢筋，程序可自动生成钢筋表及材料表，见图 6.3-8。将程序生成的"平、立、剖"、钢筋表及材料表拖入图纸框即可完成钢筋图绘制。程序可识别模型孔洞，钢筋遇孔洞可自动断开并弯折锚圆。

（2）蜗壳建模配筋。系统中特殊配筋模块提供水电站蜗壳肘管的建模及配筋解决方案。导入蜗壳肘管单线图数据后可快速生成蜗壳肘管模型并自动完成配筋及钢筋表、材料表统计，如图 6.3-9 所示。

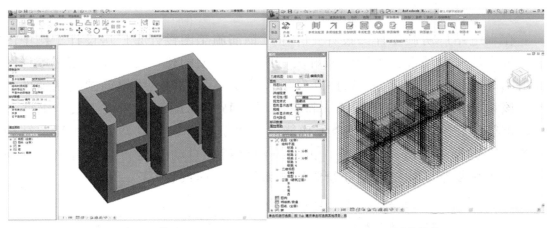

（a）BIM模型　　　　　　　　　　　（b）配筋模型

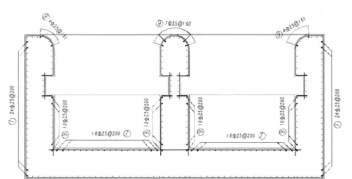

钢筋表

| 编号 | 直径(mm) | 形　式 | 根数 | 单根长(mm) | 总长(m) | 备注 |
|---|---|---|---|---|---|---|
| ① | Φ16 | | 26 | 3960 | 103.0 | |
| ② | Φ16 | | 15 | 24138 | 362.1 | |
| ③ | Φ16 | | 27 | 11109 | 299.9 | |
| ④ | Φ16 | | 104 | 880 | 91.5 | |
| ⑤ | Φ16 | | 11 | 7080 | 77.9 | |
| ⑥ | Φ16 | | 44 | 2374 | 104.5 | |
| ⑦ | Φ16 | | 153 | 300 | 45.9 | |
| ⑧ | Φ16 | | 44 | 10854 | 476.7 | |
| ⑨ | Φ25 | | 133 | 5358 | 712.6 | |
| ⑪ | Φ16 | | 66 | 8400 | 554.4 | |

（c）生成钢筋表及材料表

图 6.3-8　三维钢筋建模配筋界面

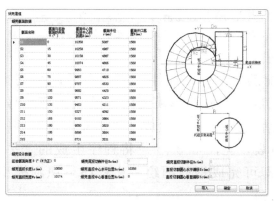

（a）蜗壳建模界面　　　　　　　　　　（b）蜗壳模型

图 6.3-9（一）　蜗壳建模配筋

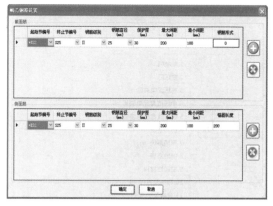
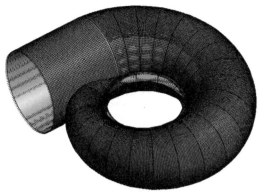

（c）蜗壳配筋界面　　　　　　　　　　　　　（d）蜗壳钢筋模型

图 6.3-9（二）　　蜗壳建模配筋

### 6.3.5　工程设计数据管理

为提高工程设计数据存储的有序性和传输的高效性，观音岩水电站依托 HydroBIM 设计平台数据库建立工程数据库，详细定义了各类工程属性信息，并在此基础上借助云服务技术来实现工程数据的快速发布。

#### 6.3.5.1　工程设计数据建设

（1）数据库结构。整个设备数据库按照系统进行分类划分，在工程数据库中，对工程数据信息进行分类管理，该数据信息在协同平台 ProjectWise 下，各专业可以实现数据协同交互和权限管理，工程数据库结构和工程数据信息结构参见图 6.3-10 和图 6.3-11。

（2）工程数据属性信息。设备分类数据库内属性信息定义为关于设备的所有厂家参数信息，这些参数信息按照工程阶段进行划分，将阶段信息需求详细程度固化在软件中，实现自动按照阶段参数详细需求程度标注设备属性信息，设备分类部分属性信息参见表 6.3-2。三维族库属性信息仅为族自身的属性信息和尺寸信息，不包含设备分类数据库中的设备参数信息。

#### 6.3.5.2　工程设计数据发布

Autodesk 三维设计软件 Revit 与云存储 BIM 360、虚拟仿真 Navisworks、iPad 三维交互 Glue 均有良好的兼容性，通过 Revit 的附加模块均可将设计软件 Revit 下的模型数据对外进行快速发布。这种良好的兼容使得 HydroBIM 三维模型在施工阶段的多形式设计数据交底成为了可能，同时也更加便利。

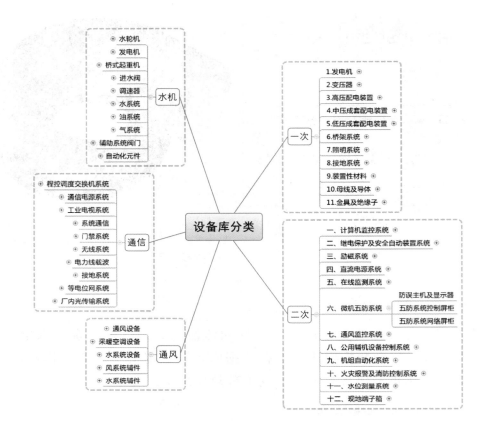

图 6.3-10　工程数据库结构

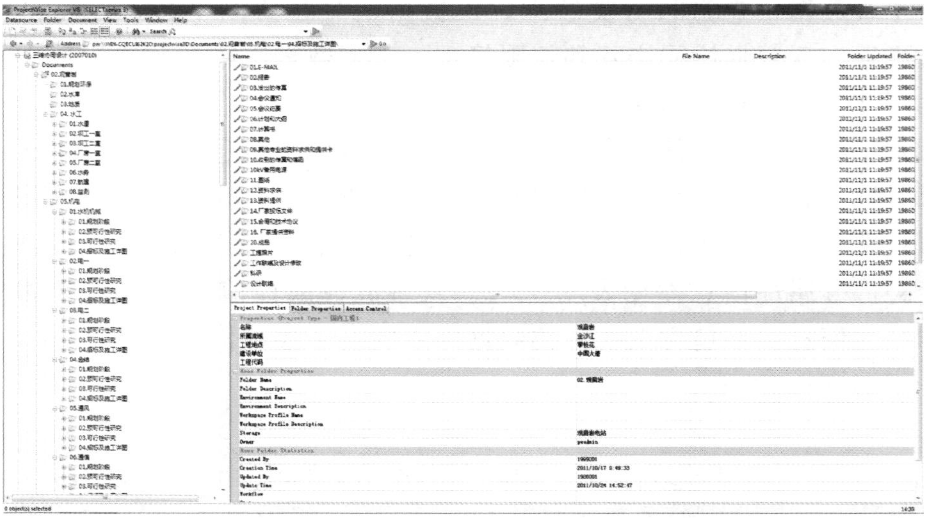

图 6.3-11　工程数据信息结构

表 6.3 - 2　　　　　　　　　　　设备分类部分属性信息表

| 一次系统及设备名称 | | 设备属性 | | |
|---|---|---|---|---|
| | | 施工详图阶段 | 可行性研究阶段 | 预可行性研究/MOU 阶段 |
| 发电机 | | | | |
| 1 | 水轮发电机 | 所属系统，名称，型号，编码，额定容量（MVA，数值，0.00），额定电压（kV，数值，0.0），功率因数（数值，0.00），额定频率（数值，0），额定电流（A，数值，0.0），单位（台），备注 | 所属系统，名称，编码，额定容量（MVA，数值，0.00），额定电压（kV，数值，0.0），功率因数（数值，0.00），额定频率（数值，0），额定电流（A，数值，0.0），单位（台），备注 | 所属系统，名称，额定容量（MVA，数值，0.00），额定电压（kV，数值，0.0），功率因数（数值，0.00），单位（台），备注 |
| 2 | 柴油发电机 | 所属系统，名称，型号，编码，额定容量（kW，数值0.00），额定电压（kV，数值，0.0），功率因数（数值，0.00），额定频率（数值，0），单位（台），备注 | 所属系统，名称，编码，额定容量（kW，数值，0.00），额定电压（kV，数值，0.0），功率因数（数值，0.00），单位（台），备注 | |
| 变压器 | | | | |
| 1 | 油浸变压器 | 所属系统，名称，型号，编码，额定容量（MVA，数值，0），变比（字符），连接方式（字符），冷却方式（字符），阻抗电压值（数值，0%），单位（台），备注 | 所属系统，名称，型号，编码，额定容量（MVA，数值，0），变比（字符），连接方式（字符），冷却方式（字符），阻抗电压值（数值，0%），单位（台），备注 | 所属系统，名称，额定容量（MVA，数值，0），变比（字符），单位（台），备注 |
| 2 | 并联电抗器 | 所属系统，名称，型号，编码，额定容量（MVA，数值，0），首端额定电压（kV，数值，0），末端额定电压（kV，数值，0），电抗值（Ω，数值，0），连接方式，单位（组），备注 | 所属系统，名称，型号，编码，额定容量（MVA，数值，0），首端额定电压（kV，数值，0），末端额定电压（kV，数值，0），单位（组），备注 | 所属系统，名称，额定容量（MVA，数值，0），首端额定电压（kV，数值，0），末端额定电压（kV，数值，0），单位（组），备注 |
| 3 | 中性点电抗器 | 所属系统，名称，编码，额定电压（kV，数值，0），电抗值（Ω，数值，0），单位（台），备注 | 所属系统，名称，编码，额定电压（kV，数值，0），电抗值（Ω，数值，0），单位（台），备注 | 所属系统，名称，额定电压（kV，数值，0），单位（台），备注 |

续表

| 一次系统及设备名称 | | 设 备 属 性 | | |
|---|---|---|---|---|
| | | 施工详图阶段 | 可行性研究阶段 | 预可行性研究/MOU 阶段 |
| 4 | 干式变压器 | 所属系统，名称，型号，编码，额定容量，变比，连接方式，阻抗电压值（数值，0%），单位（台），备注 | 所属系统，名称，型号，编码，额定容量，变比，单位（台），备注 | 所属系统，名称，额定容量，变比，单位（台），备注 |
| 5 | 箱式变压器 | 所属系统，名称，编码，额定电压，单位（台），备注 | 所属系统，名称，编码，额定电压，备注 | 所属系统，名称，额定电压，备注 |
| 6 | 变压器中性点成套装置 | 所属系统，名称，编码，型号，额定电压，单位（台），备注 | 所属系统，名称，编码，型号，额定电压，单位（台），备注 | |

除此之外，业主工程信息发布通过"设计信息发布平台"进行，并与招标采购信息等进行关联，发布页面参见图 6.3－12。

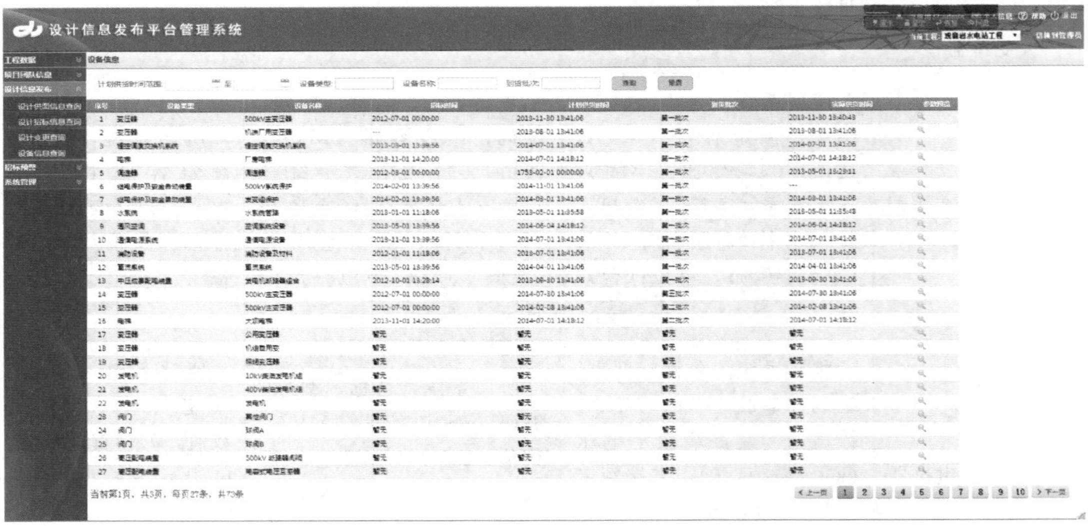

图 6.3－12  面向业主的工程设计信息发布界面

### 6.3.6  施工三维交互

智能三维模型包含了丰富的数据信息，更利于设计交底和用户理解设计意图。观音岩水电站依托强大的施工三维交互技术，充分挖掘 HydroBIM 模型的应用价值。通过基于云的数字化移交平台与施工现场进行设计数据移交，为观音岩施工现场开辟一条专有数据通道，实现设计数据实时动态更新。

　　通过三维交互平台的移动端应用（示例见图 6.3-13），施工方可在现场通过 iPad 从云服务器上实时得到最新的设计成果，提高设计数据传递效率，从而获得全面、及时、便捷的数据交互服务。

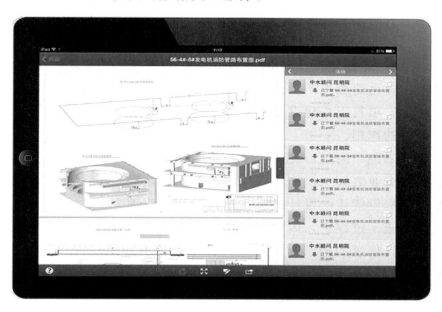

图 6.3-13　三维交互平台的移动端应用示例

　　在 PC 端，直接将云服务器中的移交模型导入到 Navisworks 中进行实时进度仿真模拟（图 6.3-14），并根据实际施工情况与计划进行对比分析。可以根据施工计划，通过模拟提前预判计划安排是否合理，也可以与实际进度进行对比分析，为施工进度管理提供辅助手段。

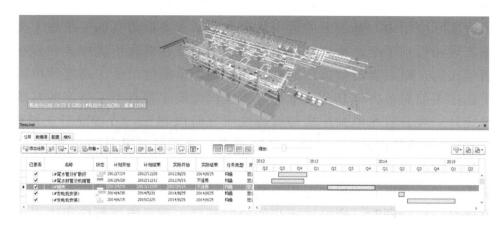

图 6.3-14　Navisworks 进度仿真模拟

## 6.4　HydroBIM 实施效果

传统的工程设计成果是通过纸质图纸、文件等形式交付业主。施工、监理人员在现场使用的也是纸质文件。搭载 Autodesk 系列软件的 HydroBIM 应用模式从根本上克服了上述弊端。使用人员（业主、施工、监理、现场设计代表等），通过手持系统终端——移动电子设备（iPad、iPhone、Surface 等），通过 Wi-Fi 无线网络连接，从 iCloud 云服务器上实时得到最新的设计成果即可进行准确施工，迅速查找图纸及相关信息，检查设备的安装情况等。

对于观音岩项目工程建设各方来说，HydroBIM 的应用模式及其应用平台均发挥了积极的作用。

对设计方来说，通过应用该系统，可以准确、及时、有效地表达设计意图，便利了各专业之间的协作，缩短了设计周期，提高了设计质量，为业主及施工、监理方提供优质的设计成果。对施工方及监理方来说，以往的工程经验表明，电站在施工过程中，因设计信息不明确及设计修改不能及时传达，导致施工人员对设计信息的理解存在偏差，施工现场不断出现错、漏、碰等问题，极大地影响了工程进度和质量。而通过 HydroBIM 技术，施工人员可以从移动终端查看三维模型，进而明确设备、管路等布置情况；并能查阅设计修改通知、各个设备部件的参数属性等，极大程度上减少错、漏、碰，减少返工和浪费。从而达到节省投资、保证工期和达到优质工程的目的。

对业主方来说，可对施工主要环节进行有效控制，及时了解工程建设面貌，提升施工管理水平。

观音岩水电站全专业三维施工详图的出图模式和设计质量得到了观音岩业主和现场施工单位的认可，高效的设计交底效率得到了参建各方的一致好评。

工程实际应用中，基于云的数字化移交和基于虚拟仿真的三维施工交互系统在施工现场得到了全面推广应用。现场施工人员在对比传统模式和现在的数字化新模式后，对后者的数据传递及时、准确、全面性给予了高度评价。真正做到了在施工前对各方信息全面掌握，为建设优质工程打下了坚实的基础。

据统计，观音岩水电站厂房与可行性研究阶段相比，节省混凝土量约 7.5 万 $m^3$，节省钢筋量约 4100t，计入机电设备优化投资，共计节省投资约 1.29 亿元，经济效益明显。

基于观音岩水电站的成功应用经验，该模式和系统可以推广至其他水电工程建设项目使用。同时，通过进一步的研究开发，该系统还可应用于水电站运行维护阶段，实现水电工程的全生命周期管理，打造现代化的数字水电厂。

# 第 7 章

# HydroBIM 在黄登水电站的应用实践

## 7.1 应用概述

### 7.1.1 工程概况

黄登水电站位于云南省怒江傈僳族自治州兰坪白族普米族自治县内，采用堤坝式开发，为澜沧江上游河段规划中的第六个梯级，其上游与托巴水电站衔接，下游梯级为大华桥水电站。电站以发电为主，是兼有防洪、灌溉、供水、水土保持和旅游等综合效益的大型水电工程。坝址位于营盘镇上游，电站地理位置适中，对外交通十分便利。坝址左岸有县乡级公路通过，公路距营盘镇约12km，距兰坪白族普米族自治县县城约67km，距下游320国道约170km。坝址控制流域面积9.19万 km²，多年平均流量901m³/s。

黄登水电站拦河大坝为碾压混凝土重力坝，最大坝高为203m。电站装机容量为1900MW，年发电量85.7亿 kW·h。电站正常蓄水位为 1619.00m，相应库容为15.49 亿 m³。工程总投资238亿元，为Ⅰ等大（1）型工程，其主要建筑物为1级建筑物，次要建筑物为3级建筑物。工程枢纽主要由碾压混凝土重力坝、坝身泄洪表孔、泄洪放空底孔、左岸折线坝身

图 7.1-1 黄登水电站鸟瞰图

进水口及地下引水发电系统组成。图 7.1-1为黄登水电站鸟瞰图。

工程于2008年正式启动前期筹建工作，2013年4月可行性研究报告通过审查，2013年11月实现大江截流，2014年5月通过发展改革委核准，2018

年 7 月首台机组投产发电，2019 年 1 月工程完工。

## 7.1.2　工程特点及难点

黄登水电站工程是高山峡谷区、高碾压混凝土重力坝代表性工程，位于高地震区，壅水建筑物水平地震峰值加速度代表值为 0.251g，为国内碾压混凝土重力坝地震设防烈度较高的大坝之一，具有以下特点。

（1）工程自然条件差，冰水作用形成的堆积体分布普遍，枢纽区 1700m 高程以上分布有倾倒蠕变岩体，工程地质条件复杂。

（2）最大坝高 203m，地震设防烈度较高，坝体结构和抗震工程措施要求高。

（3）工程枢纽区河谷狭窄，工程布置紧凑，施工道路、施工设施、工厂等布置困难，面临高山峡谷区高碾压混凝土重力坝快速施工的难题。

（4）坝址区为横向谷，两岸岩体卸荷较深，坝址区两岸岩体分布有层状相对火山角砾岩较软的凝灰岩夹层，对坝体的应力和稳定有不利影响。

（5）工程区昼夜温差大，对坝体混凝土温控措施的实施影响大。

## 7.1.3　HydroBIM 应用总体思路

黄登水电站工程充分发挥了 HydroBIM 在工程建设中的承上启下作用（图 7.1-2）。在黄登水电站设计阶段，引入施工要求，建立枢纽总布置全场地 HydroBIM 模型，实现了工程设计可视化，通过主要建筑物 BIM 模型查询其相关参数信息，全面了解设计意图，有利于工程建设各方的综合管控；基于统一平台下的工程设计，具有协同强、效率高、信息融合的特点，有效减少各专业之间的协调成本；通过 BIM 模型实现了设计方案的模拟，通过 CAE 等集成分析对不同的模拟方案进行比较，使用已有模型进行三维数值结构分析和水力学分析，依据分析成果进行优化设计。

图 7.1-2　黄登水电站 HydroBIM 模型的承上启下作用

## 7.2　基于 HydroBIM 枢纽协同三维设计

### 7.2.1　应用背景

　　黄登水电站主要施工区域布置有数十个分类复杂的大型施工区，施工交通系统纵横交错，主体建筑物中挡水建筑物、地下厂房、导流建筑物等均包含大量的体型庞大且结构复杂的建筑设施，设计流程与专业协调非常复杂，涉及规划、勘测、水工、厂房、机电、施工等主要设计专业，因此，采用信息化和可视化设计技术，实现整体设计的全面协调化。

　　BIM 技术理念的发展及欧特克公司一系列 BIM 设计软件的应用，带来了全新的设计思路和方式。通过实践研究，BIM 软件平台的应用为各专业在设计方面带来了巨大的转变，在进行专业三维数字化设计进程中，从水工结构设计采用 Autodesk Revit Structure 和 Autodesk Revit Architecture 开始，逐步到机电专业、金属机构采用 Autodesk Revit MEP 和 Autodesk Inventor，以及施工等专业采用 AutoCAD Civil 3D、Autodesk Infraworks（以下简称 AIW），BIM 理念的实践应用得到迅速发展。

　　昆明院在 BIM 软件的基础上，应用 HydroBIM 理念，创建了由测绘、规划、坝工、水道、厂房、地质、施工总布置、施工导流、施工工厂、施工交通、金属结构、水力机械（含通风）、电工一次、电工二次等各专业集成的 HydroBIM 设计平台，为解决黄登水电站施工总布置设计提供了技术支持。

### 7.2.2　枢纽设计影响因素分析

　　水利水电工程枢纽设计作为一项关键工程，其主要任务是确定建筑物在高程、平面上的布置。实际上，在水利工程中，枢纽设计直接关系着施工场地的整体布局。在枢纽设计中，枢纽与建筑物间的位置确定，对于工程整体设计、临时设置的确定、设备运输等都有重要意义。对此，基于 3D WebGIS，利用 BIM 技术，展现建筑区域整体布局，使决策者直观了解不同建筑物与地形间的联系，并且 BIM 模型可随意移动，当某一枢纽出现变化，将带来一系列影响，为相关工作人员的枢纽设置科学性奠定基础。水利枢纽设计作为一项复杂工程，一般性确定算法难以解决，可选择多种方案比选。当前，方案比选多建立在平面图的基础之上，只有具备丰富实践能力与综合推理能力的水工专家，才能够通过方案比选，保障水利枢纽设计的可靠性。BIM 技术的应用可以使决策人员直观地看到各个水工建筑物间的关系，而且相关人员可直接通过移动水工建筑物，了解水工建筑物与地形间的关系，充分发挥方案比选的效用。由于 BIM 的直观表达，在水利枢纽设计中，对工作人员的要求降低，推动了水利工程的顺利、高效开展。同时水利枢纽设计具有复杂性，借助 BIM 技术能够保障其布置的可靠性，让决策人员更好地进行布置方案的选择工作。

坝址、坝型选择和枢纽设计是水利水电工程设计的重要内容，三者是相互联系的。不同的坝轴线可以选择不同的坝型和枢纽设计，如：河谷狭窄、地质条件良好，适宜修建拱坝；河谷宽阔、地质条件较好，可以选用重力坝或支墩坝；河谷宽阔、河床覆盖层深厚或地质条件较差且土石料储量丰富，适于修建土石坝。对同一条坝轴线，还可以有不同的坝型和枢纽设计可供选择。通常是选择不同的坝址和相应的坝轴线，作出不同坝型的各种枢纽设计方案，通过技术经济比较择优选出坝轴线位置及相应的合理坝型和枢纽设计。枢纽设计涉及工程的坝线选择、挡水建筑物设计、泄洪消能建筑物设计、引水发电建筑物设计、施工组织设计、环境影响、建设征地移民安置、机电及金属结构和工程静态投资估算。坝址选择的优劣直接关系到工程建设的经济性和枢纽的安全性。选用适当的评判标准研究不同影响因素对枢纽设计的影响，参考相关规范标准，确定枢纽设计不可违背原则、关键影响因素和可优化调节因素，从而在比较分析中判断最优方案。

（1）地形条件影响。坝址地形条件在很大程度上会影响坝址。一般来说，坝址宜选在河谷狭窄地段，坝轴线较短，可以减少坝体工程量。但对一个具体枢纽来说，还要考虑坝址是否便于泄洪、发电、通航等建筑物的布置及是否便于施工导流，因此需要综合考虑分析，选择有利的坝址。对于多泥沙的河道，要考虑坝址位置是否对取水防沙有利；对于有通航要求的枢纽，还要注意布置通航建筑物对河道水流形态的要求，坝址位置要便于上下游引航道与通航过坝建筑物的衔接；对于引水灌溉枢纽、坝址位置要尽量接近用水区，缩短引水渠长度，节省引水工程量。

（2）地质条件影响。坝址地质条件是水利水电工程设计的重要条件，对坝型选择和枢纽设计往往起决定性作用。一般来说，坝址地质总会存在一些缺陷的，需采取不同的地基处理方法。坚实的岩基具有较高的承载力和抵抗冲刷防止渗透能力，对坝型选择几乎没有什么特别的限制；砾石地基经过充分压实，对土坝、堆石坝和低混凝土坝还是适合的，但要特别注意地基的渗流控制问题；粉砂、细砂地基如设计适当也可以修建低混凝土坝和土坝，其主要问题是防止沉陷及渗流问题；黏土地基适于建土坝，不宜建混凝土坝及堆石坝。

（3）施工条件影响。要便于施工导流，坝址附近特别是其下游应有较开阔的地形，以便布置施工场地；距离交通干线较近，便于施工运输；可与永久电网连接，解决施工用电问题。

（4）建筑材料影响。坝址附近应有足够数量符合质量要求的天然建筑材料。对于料场分布、储量、埋置深度、开采条件及施工期淹没等问题均应认真考虑。

## 7.2.3 技术特点和优势

（1）研究制定了各相关模型的统一建模标准，规范化设计流程，快速建立各专业满足设计要求的单项模型（如大坝、厂房、导截流设施、施工工厂、施工营地、场内交通、金属结构、机电设备等）作为基本输出成果，并为后续整合提供标准数据输入接口。

（2）实现水电工程枢纽设计相关专业的协同管理与控制，实现设计模型中各单项模型独立的信息化和可视化链接，实现多专业协调的动态协同设计，提高设计效率与产品质量，同时从根本上降低各专业的协调难度。

（3）在建立单项模型的基础上，通过协同控制，实现与同样具有信息属性的地形及相关挖填等模型的自动化精确对应与协同布置，以精确坐标对应整合施工总布置三维模型，实现枢纽设计虚拟场景的互动漫游，为下一步设计优化和调整提供直观、高效的数据支持与参考。

（4）确立设计文件相关信息的完整性，实现模型文件设计信息的自动连接与更新，以及三维可视化的信息检索功能，避免不同设计模型之间的干扰，减少重复设计，提高设计效率，拓展应用广度与深度。

（5）实现工程虚拟场景高效的可视化、参数化和信息化的功能需求，并将航拍或卫星影像与地形进行精确贴图，以便于进行场景的可视化定位分析，让设计环境与设计成果更加真实化，实现建筑物与地形等场景与自然景观的整合，并研究项目实际应用的具体形式和方法，为工程设计、方案比选及后续施工管理等提供快速高效的技术支持。

## 7.2.4 实施方案

### 7.2.4.1 HydroBIM 协同规划

黄登水电站枢纽总布置三维设计以 Civil 3D、Revit、Inventor 等软件为各专业 HydroBIM 建模基础，以 AIW 为施工总布置可视化和信息化整合平台，以 ProjectWise 进行方案部署、项目概况、工程信息、设计信息等数据的同步控制，利用 HydroBIM 设计平台进行各专业协同设计与信息互联共享，为施工方提供了可视化的场地布置方案。施工总布置 HydroBIM 协同规划如图 7.2－1 所示。工作流程及各专业软件选择路线如图 7.2－2 所示。

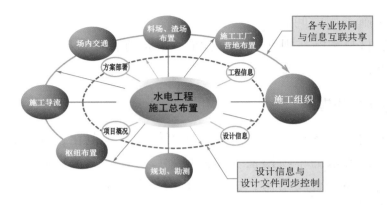

图 7.2－1 施工总布置 HydroBIM 协同规划

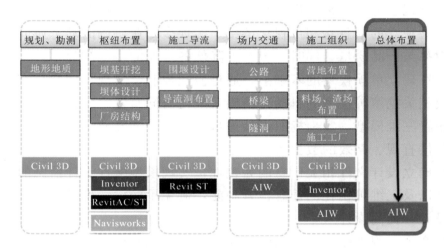

图 7.2－2 工作流程及各专业软件选择路线图

### 7.2.4.2 总体规划

Civil 3D 的强大地形处理功能，可帮助实现工程三维枢纽方案布置及立体施工规划，结合 AIW 快速直观的建模和分析功能，可轻松、快速帮助布设施工场地，有效传递设计意图，并进行多方案比选。图 7.2－3 为黄登水电站总布置方案规划设计。

### 7.2.4.3 枢纽建模

1. 基础开挖处理

结合 Civil 3D 建立的三角网数字地面模型，在坝基开挖中建立开挖曲面（图 7.2－4），可帮助生成准确工方施工图（图 7.2－5）和工程量。

2. 土建结构

水工专业利用 Revit Architecture 进行大坝及厂房三维体型建模（图 7.2－

6)，实现坝体参数化设计，协同施工组织实现总体方案布置。

图 7.2 - 3 黄登水电站总布置方案规划设计

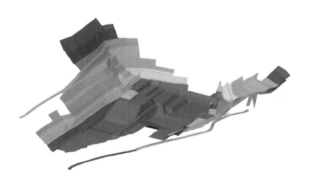

图 7.2 - 4 Civil 3D 地基开挖曲面

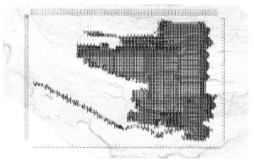

图 7.2 - 5 Civil 3D 自动生成土方施工图

挡水建筑物为碾压混凝土重力坝，采用 BIM/CAE 集成分析系统（图 7.2 - 7 为碾压混凝土重力坝三维 CAE 分析结果），对建筑物进行三维数值结构分析，评价建筑物的安全性，并对建筑物体型进行优化。

泄洪建筑物由 3 个溢流表孔及 2 个泄洪放空底孔组成，见图 7.2 - 8，消能方式采用挑流消能。通过水力学三维数值计算对泄水建筑物进行分析，并与模型试验成果进行对比，确定消能方式的合理性。图 7.2 - 9 为泄洪建筑物水力学三维数值分析结果。

引水发电系统布置在左岸，采用地下厂房布置型式，主要由引水系统、地下厂房洞室群、尾水系统及 500kV 地面 GIS 开关站组成。厂区主副厂房、主变室、尾闸室及尾水调压室等主要洞室群采用平行布置。图 7.2-10 为地下厂房三维视图。

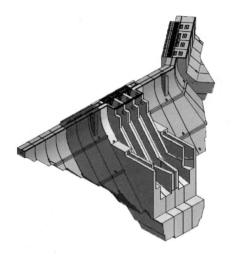

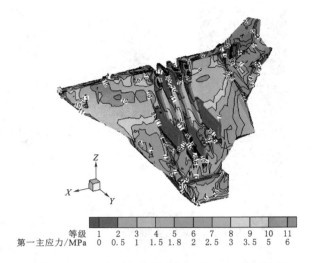

图 7.2-6 碾压混凝土重力坝三维视图

图 7.2-7 碾压混凝土重力坝三维 CAE 分析结果

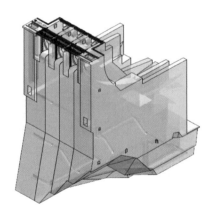

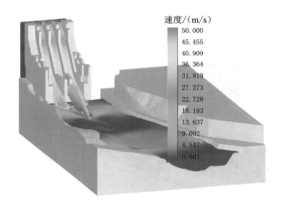

图 7.2-8 泄洪建筑物三维视图

图 7.2-9 泄洪建筑物水力学三维数值分析结果

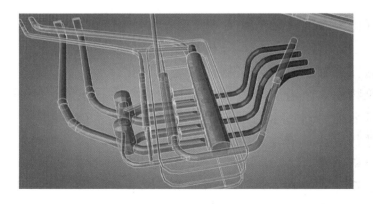

图 7.2-10 地下厂房三维视图

3. 机电及金属结构

机电及金属结构专业在土建 HydroBIM 模型的基础上，利用 Revit MEP 和 Revit Architecture 同时进行设计工作，并利用 BIM/CAE 集成分析系统对闸门等结构进行分析计算，并进行优化。图 7.2 - 11 为厂房机电设备布置图。图 7.2 - 12 为金属闸门三维结构图。

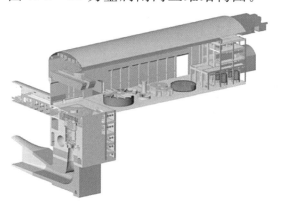 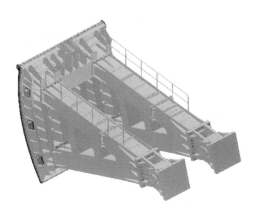

图 7.2 - 11　厂房机电设备布置图　　　　图 7.2 - 12　金属闸门三维结构图

#### 7.2.4.4　施工导流布置

导流建筑物如围堰、导流隧洞及闸阀设施等，以及相关布置由导截流专业按照规定进行三维建模设计，其中 Civil 3D 帮助建立准确的导流设计方案，AIW 利用 Civil 3D 数据进行可视化布置设计，可实现数据关联与信息管理。Civil 3D 建立的导流设计方案如图 7.2 - 13 所示，AIW 中导流洞示意图如图 7.2 - 14 所示。

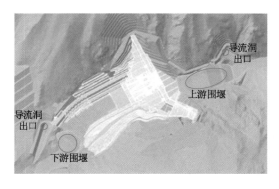 

图 7.2 - 13　Civil 3D 建立的导流设计方案　　　图 7.2 - 14　AIW 中导流洞示意图

#### 7.2.4.5　场内交通

在 Civil 3D 强大的地形处理能力及道路、边坡等设计功能的支撑下，通过

装配模型可快速动态生成道路挖填曲面，准确计算道路工程量，并通过 AIW
进行直观表达。图 7.2－15 为道路交通模型。

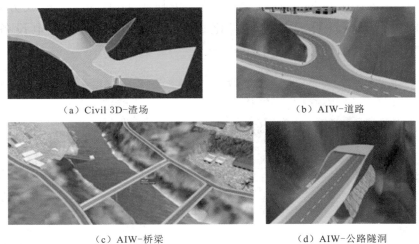

（a）Civil 3D-渣场　　　　　　　　　　　（b）AIW-道路

（c）AIW-桥梁　　　　　　　　　　　　（d）AIW-公路隧洞

图 7.2－15　道路交通模型

#### 7.2.4.6　渣场、料场布置

利用 Civil 3D 快速实现渣场、料场三维设计，并准确计算工程量，且通过
AIW 实现直观表达及智能的信息连接与更新。图 7.2－16 为渣场及料场布置模型。

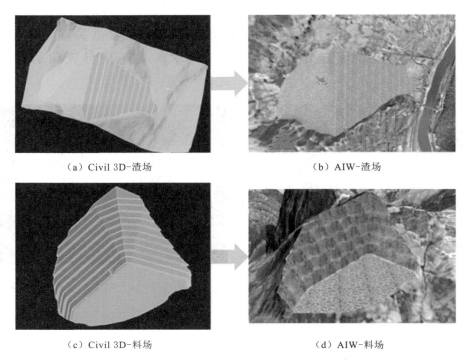

（a）Civil 3D-渣场　　　　　　　　　　　（b）AIW-渣场

（c）Civil 3D-料场　　　　　　　　　　　（d）AIW-料场

图 7.2－16　渣场及料场布置模型

#### 7.2.4.7 营地布置

施工营地布置主要包含营地场地模型和营地建筑模型（图 7.2 - 17）。其中营地建筑模型可通过 Civil 3D 进行二维规划，然后导入 AIW 进行三维信息化和可视化建模，可快速实现施工生产区、生活区等的布置，有效传递设计意图。

图 7.2 - 17　施工营地布置模型

#### 7.2.4.8 施工工厂

利用 Inventor 参数化建模功能，定义造型复杂的施工机械设备，联合 Civil 3D 实现准确的施工设施部署，最后在 AIW 中进行布置与表达。砂石交工系统布置模型如图 7.2 - 18 所示。

#### 7.2.4.9 施工总布置设计集成

在 HydroBIM 建模过程中将设计信息与设计文件进行同步关联，实现整体设计模型的碰撞检查、综合校审、漫游浏览与动画输出。其中，AIW 将信息化与可视化进行完美整合，不仅提高了设计效率和设计质量，而且大大减少了不同专业之间协同和交流的成本。

在进行施工总布置三维数字化设计中，通过 HydroBIM 模型的信息化集成，可实现工程整体模型的全面信息化和可视化，而且通过 AIW 的漫游功能，可从

（a）Inventor 参数化建模

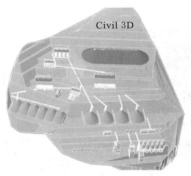

（b）Civil 3D 施工设施部署　　　　　　　　（c）AIW 布置与表达

图 7.2 - 18　砂石交工系统布置模型

坝体到整个施工区，快速全面了解项目建设的整体和细部面貌，并可输出高清效果展示图片及漫游制作视频文件。图 7.2 - 19 为施工总布置集成示意图。

图 7.2 - 19　施工总布置集成示意图

### 7.2.5　应用成果

#### 1. 应用推广

黄登水电站施工总布置三维设计实现了水电工程施工总布置的 HydroBIM 三维设计，其合理、高效的枢纽设计方案为工程提供了良好的经济开发条件，为工程的顺利推进创造了有利条件。黄登水电站工程为澜沧江上游首批开发的重点工程，于 2013 年 11 月实现大江截流，2014 年 5 月通过发展改革委核准，2015 年 12 月首台机组发电，受到业主方的广泛好评。

除黄登水电站工程中取得成功应用外，基于 HydroBIM 的施工总布置三维设计还应用到其他多个工程的设计中（图 7.2 - 20），在新能源、水库等平行专业中也得到了积极响应。

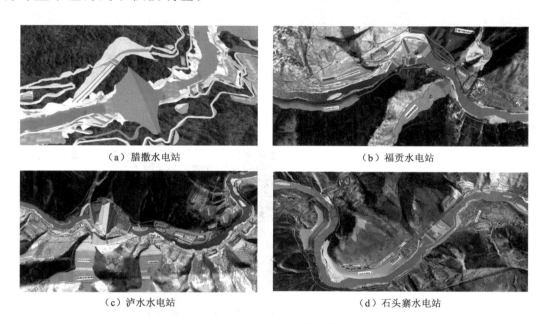

（a）腊撒水电站　　　　　　　　　　（b）福贡水电站

（c）泸水水电站　　　　　　　　　　（d）石头寨水电站

图 7.2 - 20　基于 HydroBIM 的施工总布置三维设计应用案例

#### 2. 所获荣誉

黄登水电站施工总布置三维设计成果参加了中国勘察设计协会举办的 2012 年全国"创新杯 BIM 设计大赛"，图 7.2 - 21 和图 7.2 - 22 为所获奖项。中国勘察设计协会肯定了所取得的成果，认为该项目实现了水电工程等基础设施设计理念的转变及提升，采用多种 BIM 软件进行交互设计，实现了设计效率及质量的飞跃，有效促进了 BIM 理念和技术的应用发展。

同时，该项目参加了 Autodesk 美国 AU 协会举办的"全球基础设施卓越设计大赛"，在全球六位业界资深专家组成的评委会的严格审核下，在全球各国众多大型项目作品中脱颖而出，得到评委会一致推荐，获得第一名（图 7.2 - 23）。

图 7.2 - 21　最佳基础设施类 BIM 应用奖一等奖　　　图 7.2 - 22　最佳 BIM 应用企业奖

（a）评委会贺词1　　　（b）评委会贺词2　　　（c）参赛展板　　　（d）奖章

图 7.2 - 23　"全球基础设施卓越设计大赛" 第一名

## 7.3　基于 HydroBIM 协同设计与分析一体化应用实践

### 7.3.1　协同设计与分析一体化平台

#### 1. 平台架构

平台开发以云服务为导向，采用 B/S 架构。平台分为数据采集层、数据访问层、业务逻辑层、表现层四个层级，整体架构如图 7.3-1 所示。

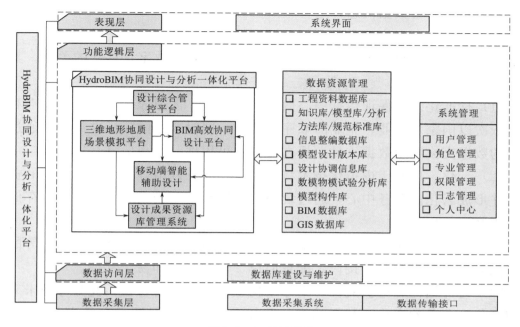

图 7.3-1 平台架构

（1）数据采集层。主要是由水利水电工程涉及的各专业常用三维设计软件构成的基础设计数据服务体系。利用 Python 脚本二次开发各个设计软件的接口，通过 TCP 协议与服务端通信，将各客户端本地建立的三维模型等数据信息传输至服务器指定数据库内。

（2）数据访问层。数据访问层主要由 BIM 模型文件、GIS 数据信息、工程基本资料、设计标准规范、MySQL 关系型数据库组成。工程基本资料与设计标准规范为工程师提供设计依据，BIM 模型文件与 GIS 数据信息用于构建三维模拟设计场景，MySQL 关系型数据库主要用来存储属性扩展信息、设计进度信息、设计协调记录等各类过程数据与成果；并根据各专业设计人员组织结构与时间信息、设计成果等信息建立索引，提高数据库查询效率。

（3）功能逻辑层。业务逻辑层为系统运作的核心，将正向设计业务流程以系统的思维进行整合，设计开发了各项功能业务；并利用业务功能接口将表示层与数据层贯通，实现数据流与业务流的畅通交融。系统后端采用 ThinkPHP 框架搭建 Web 端与移动端应用程序，借助 WebSocket 协议实现移动端、Web 端、数据库之间数据信息的实时高效传输。

（4）表现层。该层直接面向用户，使用户在三维可视化环境内进行业务操作，提供 3D 交互式使用体验。采用响应式布局与 LayUI 前端框架，并集成 Three.JS-editor 开源引擎，实现 3D WebGL 对 BIM 模型的在线集成显示与三维操作。通过 D3、Echarts 等插件在线绘制图表，实现数据的可视化表达，方便用户直观洞察数据信息，进行正向协同设计。

**2. 数据中心建设原则**

水利水电工程数据中心是实现全生命周期管理和数字化移交的关键。其建设遵循以下基本原则。

（1）标准化。为保证数据中心数据共享交换，需遵守一定的数据标准和规范，依次以国家、行业、企业的顺序来执行，同时兼顾国际标准规范。通过标准化的数据交换减少数据重复，提高接口的可用性，实现信息互用。

（2）云化。应基于虚拟化技术将计算、存储、网络等资源形成统一的资源池，并形成云化的服务中心，通过统一的控制台管理与调度计算资源、存储资源、网络资源。

（3）实用性。应尽可能地满足数据抽取、转换、加工、整合及应用等的需要，同时提供完善的维护接口，配置简单、便于维护和易于管理。

（4）可伸缩性和可扩展性。中心架构应具备跨平台特性，充分考虑未来环境的变化、业务的变化、数据的变化及技术的变化，保证平台的更新、升级、扩容等不受制约，具有较强的可伸缩性、可扩展性和技术先进性。

（5）兼容性。在数据源及数据结构上充分考虑对各种数据的兼容性，可以是 Excel、Word、PDF 等格式的文档，可以是 JPG、PNG、MP4、MOV 等多媒体格式文件，可以是 PLY、LAS、OSGB 等现场采集数据，也可以是 JD-BC、ODBC 所支持的数据库等。

（6）安全性。数据中心需至少保证系统安全、网络安全及数据安全。因此需做好安全设计，保证数据中心能够安全可靠运行。

**3. 平台功能**

根据水利水电工程设计阶段的项目需求和组织结构对整个设计阶段进行综合性管理工作，其中包括项目管理、初始资料管理、BIM 策划管理、BIM 项目计划、BIM 数据管理、BIM 应用分析及 BIM 协同标准。

（1）项目管理。项目管理主要是针对不同的项目进行项目信息的填写修改等操作，因为涉及多个不同的项目都会利用统一云平台进行正向协同设计工作，因此要针对当前项目进行第一层级也就是项目层级的信息填报和创建。其中包括项目基本资料的上传下载，项目策划书的管理和工作任务书的管理。

（2）初始资料管理。初始资料管理就是在创建项目层级后针对此项目进行初始资料的分类上传与管理工作，主要是前期初始设计资料，包含流域规划资料、地方政府规划资料、水文资料、地质资料、移民规划资料、环境保护资料及该项目的设计参考规范。

（3）BIM 策划管理。针对设计项目对 BIM 进行组织和策划，其中包括的策划管理选项有团队模式、全专业模式、合作外包模式、建模原则、管理方式选择、规则性定义等，对整个 BIM 设计团队进行一个组织管理和策划。

（4）BIM 项目计划。BIM 项目计划包括项目实施计划和模型进度计划，项目实施计划则是针对不同专业进行不同阶段任务的设定和组织，确定大的实施计划框架，模型进度计划（图 7.3-2）则是针对每一个 BIM 设计人员的设计工作进行布置安排并能够查看实时的建模进度以评估设计进度的快慢。

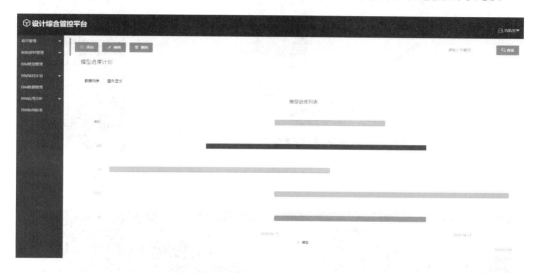

图 7.3-2 模型进度计划示例

（5）BIM 数据管理。BIM 数据管理则是针对不同的设计专业进行 BIM 需要绑定信息及文件的录入，比如地质 BIM 模型关联的图像、视频数据及地质分析结果信息等。

（6）BIM 应用分析。BIM 应用分析是针对当前项目的 BIM 设计要求，提出在设计阶段、施工阶段、运维阶段不同的 BIM 应用模式和需求，进行提前分析确定，以此来约束 BIM 设计的精细度等要求，以期后续 BIM 模型能够继续传递应用。

（7）BIM 协同标准。BIM 协同标准是针对项目的特点和设计过程中的一些问题和需求，制定不同的协同设计标准，以提高协同设计的效率和设计质量。

### 7.3.2 正向协同设计

正向协同设计主要是在平台内集成了多个专业的三维设计软件，并在统一的平台内进行 BIM 的数据融通，实现在一个统一的平台下实时展示各个专业的 BIM 设计成果现状，达到"同步设计"共同前进的设计目标。主要分为两部分：一部分是地质 BIM 场景的建立；另一部分是在 BIM 地质场景（图 7.3-3）建立完成后进行水工、建筑等其他专业的正向协同设计（图 7.3-4）。

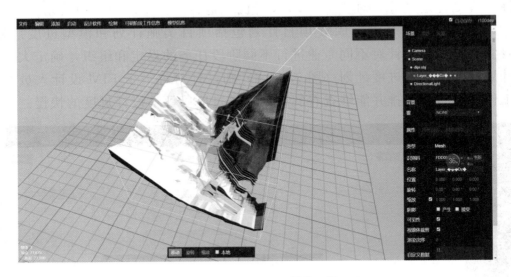

图 7.3-3 BIM 地质场景示例

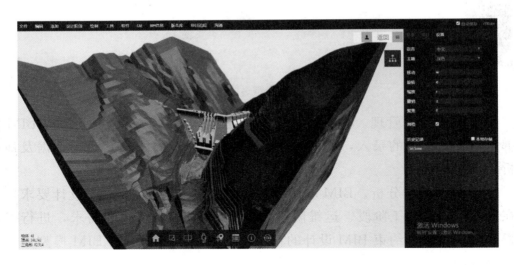

图 7.3-4 正向协同设计示例

BIM 模型是项目信息交流和共享的中央数据库。在项目的开始阶段，就需要设计人员按照规范创建信息模型。在项目的生命周期中，通常需要创建多个模型，例如用于表现设计意图的初步设计模型、用于施工组织的施工模型等。随着项目的进展，所产生的项目信息越来越多，这就需要对前期创建的模型进行修改和更新，甚至重新创建，以保证当时的 BIM 模型所集成的信息和正在增长的项目信息保持一致。因此，BIM 模型的创建是一个动态的过程，贯穿项目实施的全过程，对 BIM 的成功应用至关重要。

黄登水电站工程勘测设计阶段遵循正向设计理念，采用分阶段建模的方式，进行 BIM 建模。随着勘测资料的丰富及 CAE 分析反馈，地质模型及坝体模型精细化程度逐渐加深，最终形成可用于指导施工的 BIM 模型。

1. 初期坝体模型建立

基于数据库中录入的原始流域信息，坝体外部体型进行初步设计建模。坝体外部体型建模采用参数化建模的方法。

参数化建模区别于传统的建模，只需要在已建立好的标准模型库中选择相应模型，再对部分需调整的参数进行输入，即可自动完成建模和装配。参数化建模通过模型库建立及参数调整实现。首先建立包含模型基础形态的模型库，再通过 Python 脚本对模型库中的模型进行调用并对关键几何参数进行参数化调整。

系统通过 Inventor 读取模型创建信息文件，创建坝体原始模型，确定装配约束轴和约束面，建立装配体，自行拼接组合成完整的模型。

这种建模方式利用开发完成的参数化设计平台，仅需对建模的建筑物的关键几何参数进行选定，即可快速完成建模。

利用这种建模方式，黄登水电站工程在预可行性研究阶段建立了混凝土拱坝、混凝土重力坝、面板堆石坝等多种坝型的 BIM 模型，并从数据库提取上、中、下三个坝址的地形地质条件数据用于 CAE 分析，确定各种坝型的稳定性、经济性，从而对三种坝型进行比选。最终确定采用混凝土重力坝方案。

初期重力坝外部体型设计模型建立。根据选定的混凝土重力坝坝型，参考混凝土重力坝相关设计规范，依据材料力学设计方法，研究混凝土重力坝外部体型设计的关键几何参数。利用选定的坝高、坝顶宽度、上游侧综合坡比等关键几何参数，研究关键几何参数之间的关系，利用几何学原理，由关键几何参数确定坝体体型边界，从点到线、面最后到体，搭建基于坝体关键几何参数的坝体三维模型的参数体系，从而构建了混凝土重力坝外部体型参数化建模平台（图 7.3 - 5～图 7.3 - 12），用于对混凝土重力坝外部体型进行更深入的设计和建模。

系统将自动提取坝体的关键几何参数构建的诸如开挖面、坝段体积等参数，存入数据库并与 BIM 模型关联，以供后续 CAE 分析评价与优化使用。

2. 勘测设计初期地质模型建立

三维地质建模基于昆明院自主研发的 GeoBIM 三维地质建模系统进行。以地形数据、物探数据、试验数据、地质数据为原始资料，对原始资料进行整理和归纳后录入数据库，应用 GeoBIM 进行建模时从数据库中提取相应的数据，有针对性地建立集成多源数据的三维地质模型。设计软件中的地质模型示例如图 7.3 - 13 所示。

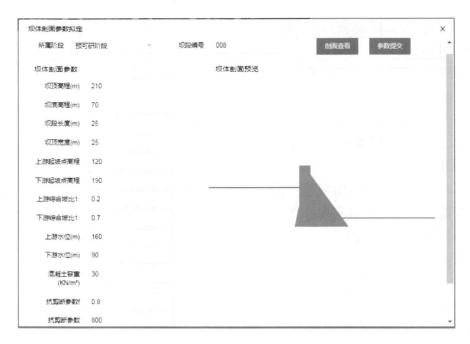

图 7.3-5　坝段参数设定

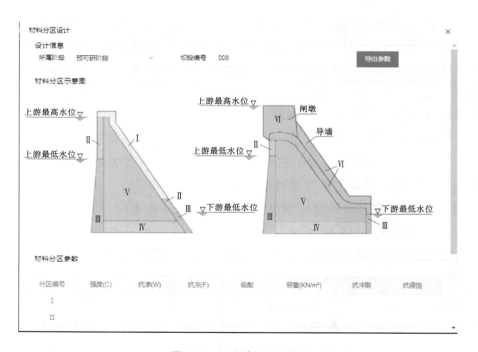

图 7.3-6　材料分区设计

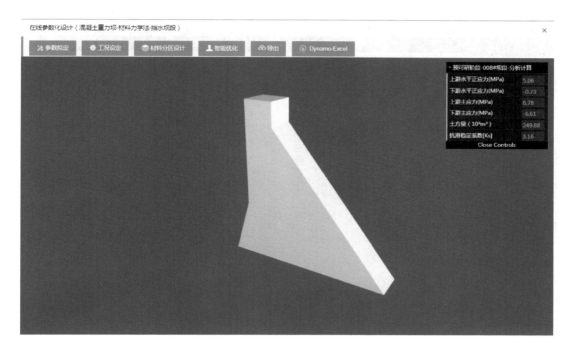

图 7.3 - 7 挡水坝段

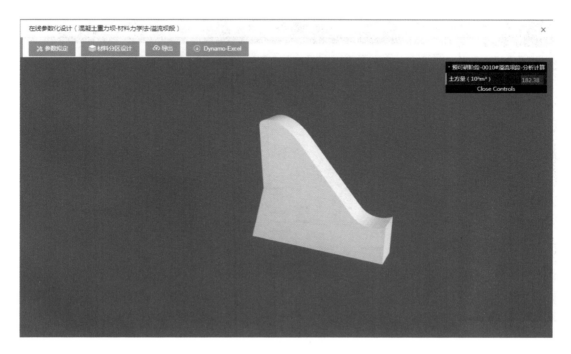

图 7.3 - 8 溢流坝段

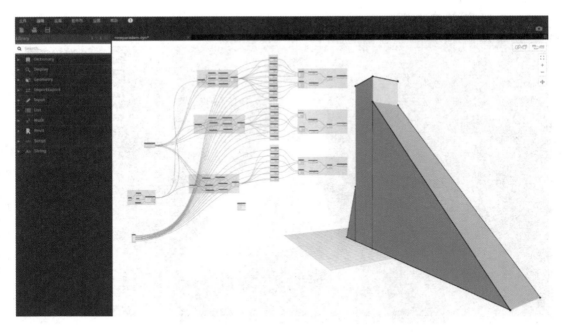

图 7.3 – 9　挡水坝段 Dynamo 建立

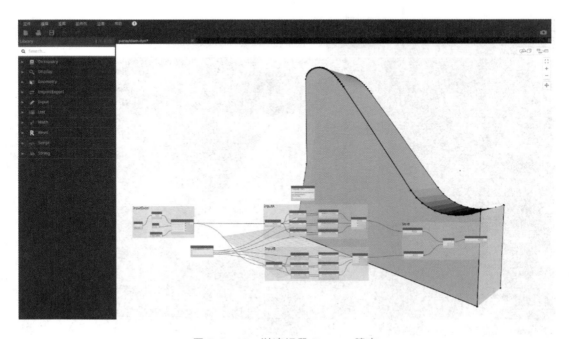

图 7.3 – 10　溢流坝段 Dynamo 建立

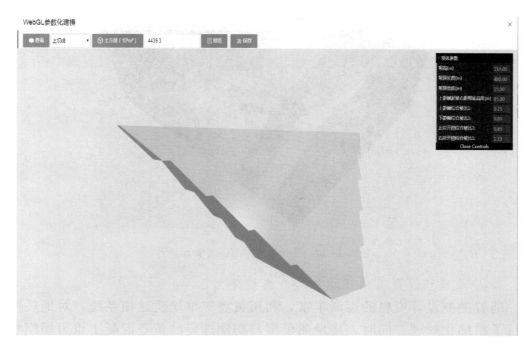

图 7.3 – 11 Three. JS 坝体体型在线参数化设计

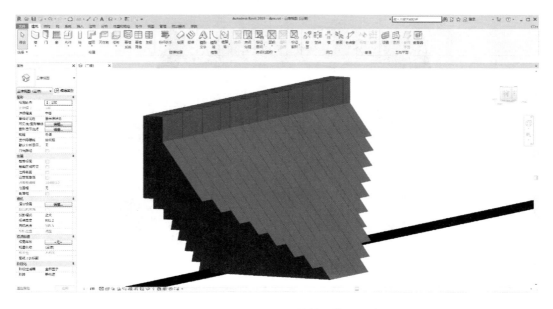

图 7.3 – 12 Dynamo 坝体体型优化设计

图 7.3 - 13 设计软件中的地质模型示例

3. 地质模型深化及地质坝体结合模型建立

随着勘测设计资料的逐渐丰富，利用黄登三维地质建模系统，对地质模型进行了精细化处理。同时，将地质模型与初期选定的黄登混凝土重力坝模型进行结合，该阶段三维地质建模范围覆盖了整个坝址区，完成了地层面、风化面、卸荷面、水位面、吕荣面、构造面、不同堆积体分层面等各种地质对象的建模，如图 7.3 - 14 和图 7.3 - 15 所示。局部地质模型如图 7.3 - 16 所示。

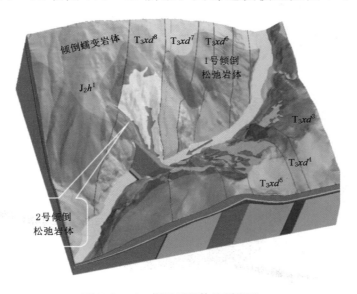

图 7.3 - 14 枢纽区整体地质模型-1

4. 具有开挖面的地质模型及坝体细部模型的建立

利用地质与坝体结合的 BIM 模型，进行了 CAE 分析，进行坝基开挖的初

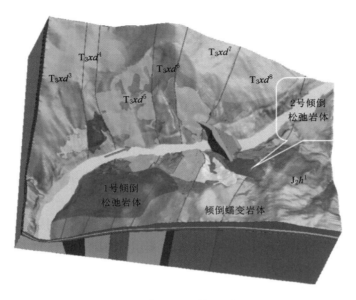

图 7.3-15 枢纽区整体地质模型-2

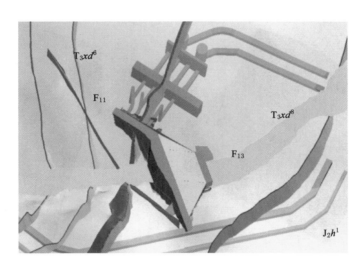

图 7.3-16 局部地质模型

步设计并进一步优化坝体体型设计。地基开挖基于前一阶段的枢纽区地形模型进行，对地形模型进行加工，生成具有建基面的地形模型。

由于设计专业使用的设计软件与地质建模软件不同，需要通过对地质模型进行转换才可得到直接导入设计软件的地质模型，设计软件包括 Inventor、Revit 和 Civil 3D 软件。导入 Inventor、Revit 软件的地质模型为实体及面的混合模型，带有地质相关信息，包括地质对象的岩性、风化、建议开挖坡比及相关的岩土力学参数。Inventor、Revit 软件在处理大量实体对象时操作效率较低，在转换过程中有针对性地进行部分地质对象的实体转换，其他地质对象以面的方式导入，可以大大降低地质转换模型的文件大小，在保证设计工作数据需求的情况下提高软件处理地质对象的效率。导入 Civil 3D 软件的地质模型为面模型，带有面的相关属性，如地层分界面、风化程度、水位面等信息。通过面模型及面边界的数据转换，可以保证地质模型向 Civil 3D 软件的无损转换。通过前期的三维地质数字化模型分析确定水工建筑物最有利于土建开挖设计的布置方案，将地质模型导入到设计软件中就可以进行土建的开挖设计。开挖后的地形模型如图 7.3 - 17 所示。

同时，依据 CAE 分析结果，对坝体模型进行精细化设计，确定坝段分割方案及坝体细部设计。

设计过程基于 HydroBIM，采用三维设计方式。直接建立各坝段三维模型，并对各坝段三维模型进行拼接装配。拟定初步的坝体模型。各部门分别建立挡水坝段（图 7.3 - 18）、泄水坝段、厂房坝段等各坝段的 BIM 模型，再通过 HydroBIM 协同平台，对各部门的设计成果进行整合装配，形成初步的坝体模型。

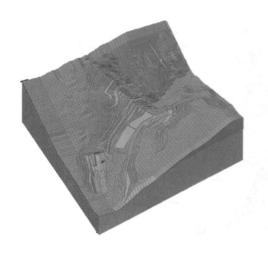

图 7.3 - 17　开挖后的地形模型

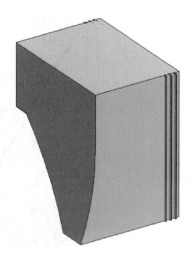

图 7.3 - 18　某挡水坝段设计模型

将整合后的坝体模型与开挖完成的地质模型进行叠加，生成较精细化的枢纽区域整体模型。开挖完成的地质模型与水工建筑物模型进行叠加后，可以直接展示建筑物的地质条件、各种地质对象的空间关系，并可以展示开挖后的地质条件。有了数字化的三维模型，将带有水工建筑模型的三维地质数字化模型在大坝厂房位置处直接剖切，即可知道现有设计方案中水工建筑模型下的地质岩层情况，为接下来的土建设计施工提供指导。

5. 泄水坝段优化设计模型建立

针对泄洪消能工，黄登水电站工程拟采用三孔泄洪和四孔泄洪两种方案。

同时，每种方案又具有多种设计方案，如斜坡段倾角、反弧段半径、挑角等。因此，需要针对每种方案建立模型或对模型进行调整。

由于泄洪消能建筑物优化过程中备选方案多、建模工作量大的特点，为保证设计进度，采用传统手工建模的方式显然是不现实的。因此，黄登水电站工程设计阶段中，针对泄洪坝段建立了模型构件库，将泄洪坝段拆分成基础构件，并采用参数化建模的方式，通过输入关键参数对构件尺寸进行参数化调整，最后进行装配。

具体流程为：设计人员选定三孔或四孔的泄洪消能工方案，并在系统中输入模型相关参数；Inventor 读取模型创建的信息文件，创建泄洪消能建筑物零件模型并依据读取到的相关参数对零件模型尺寸进行调整；系统确定装配约束轴和约束面，建立装配体并将零件加载入装配体中，自行拼接组合成完整的泄洪消能工模型。

泄洪消能建筑物的 CAE 分析主要进行泄流模拟分析，研究水流流态和泄流坝段的应力应变。由于泄流模拟分析中，网格划分和计算域的工作对象是流场模型，因此生成坝体模型后，通过布尔减的方式生成流场模型构件，并自动按照上述步骤完成流场区域的装配。

黄登水电站工程设计阶段通过对参数化批量建模生成的 500 余个泄洪消能工模型进行 CAE 分析，最终确定了 3 个开敞式溢流表孔、2 个泄洪放空底孔方案，并根据 CAE 分析过程中得到的水流流态提出并应用了一种新型挑坎——燕尾型挑坎。泄洪消能建筑物整体 BIM 模型如图 7.3 - 19 所示。

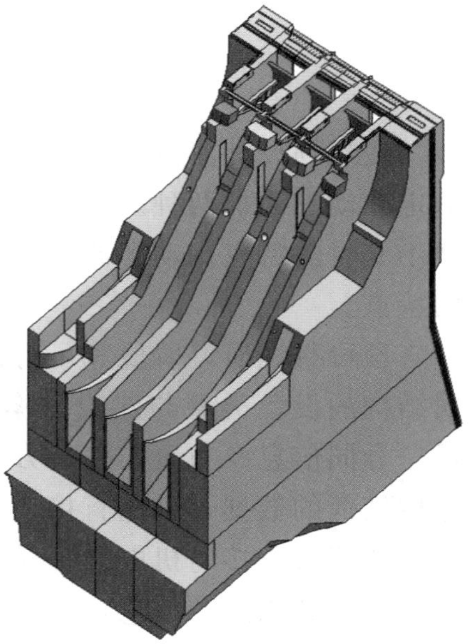

图 7.3 - 19　泄洪消能建筑物
整体 BIM 模型

6. 机电 HydroBIM 模型

在 HydroBIM 模型的创建中，机电部分最为复杂，其种类的多样性及形体的不规则性使得模型的创建周期较长，因此机电 HydroBIM 模型的创建周期是 HydroBIM 模型创建周期的主线。

机电 HydroBIM 模型种类多样、结构复杂，若厂房模型与机电模型在同一个模型中创建，将造成模型创建时间过长，影响整个 HydroBIM 流程的效率，Revit 中族的使用就很好地解决了这一问题。黄登水电站项目机电 Hydro-BIM 模型均由族创建，创建完成后将其导入到项目当中。模型导入完成后，为满足机电的功能要求，需在适当位置添加管道和预埋电线，将厂房和机电设备整合，整合完成后的机电模型可进行工作模拟和数值分析。自此，Hydro-BIM 模型创建完成。主厂房机电设备三维模型见图 7.3 - 20。

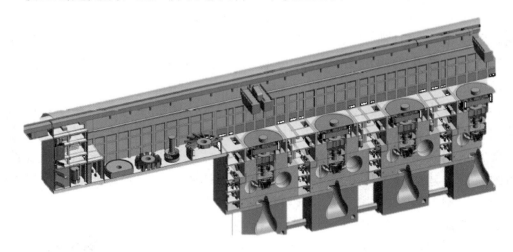

图 7.3 - 20　主厂房机电设备三维模型

在规划设计阶段，机电模型属性信息的绑定根据信息特性的不同分为直接绑定和动态添加两种。直接绑定的方式具有模型与信息一体，不依赖数据库，便于交付的特点。动态添加具有灵活性高，可实时添加和修改模型绑定的信息的特点。

预可行性研究阶段和可行性研究阶段的机电与金属结构部分明确了机电金属结构的设备类型与建设方案。招标设计与施工图阶段确定了机电类型、招标、合同信息及布置与安装方式。针对设备类型、机电型号等实时性不强、动态性较低的数据，采用直接使用 Revit 在建模时赋予的方式，通过这种方式绑定的数据将直接与机电设备模型绑定。对于招标、合同信息等实时性较强，需随时更改和添加的信息，采用通过模型唯一标识（GUID）与数据库中的信息关联的方式进行动态添加。

7. 施工图阶段深化地质模型建立

施工图阶段依据前期地质勘测资料、坝基开挖设计方案、坝体设计方案、灌浆设计方案等资料，对三维地质建模精细化程度进行深化。该阶段三维地质建模主要是完成了基础资料的复核和展示、开挖坝基的三维地质建模及缓倾角结构面的建模。

（1）开挖坝基收资。传统的坝基收资都是基于二维图纸的资料收集，主要是对开挖面进行展平后表达，表达的可视化效果不好，且不利于后期三维地质建模。黄登水电站工程在三维开挖面上完成了现场资料的复核和展示，从空间上展示地质资料更加形象和直观，并为下一步的地质建模打下了很好的基础。坝基三维开挖面示意图如图 7.3 - 21 所示。

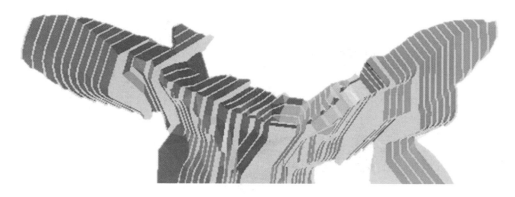

图 7.3 - 21 坝基三维开挖面示意图

（2）开挖坝基建模。结合前期的工作成果，并结合坝基收资成果，利用土木工程 GeoBIM 三维地质建模系统完成了坝基的三维地质模型，包括地层、岩性、结构面等。通过曲面网格化技术完成了设计模型向地质软件的转换，将建筑物模型与三维地质模型进行了融合，完成了地质成果与设计成果的集成展示和应用。根据现有的三维地质模型，分析坝基的地质条件，结合帷幕灌浆的资料，完成了帷幕灌浆第三方检测孔的针对性布置。坝基三维地质模型见图 7.3 - 22，地质模型与建筑物的融合模型见图 7.3 - 23，地质模型与帷幕灌浆第三方检查孔见图 7.3 - 24。

图 7.3 - 22 坝基三维地质模型

（3）缓倾角结构面建模。连续性较好的缓倾角结构面对于重力坝的抗滑稳定性影响较大，如何确定缓倾角结构面的连续性是一个难点。通过对坝基钻孔开展的钻孔电视的成果进行分析，确定了各孔中揭露的节理面，并计算了各个

图 7.3 - 23　地质模型与建筑物的融合模型

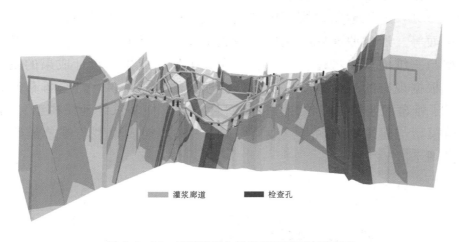

■ 灌浆廊道　■ 检查孔

图 7.3 - 24　地质模型与帷幕灌浆第三方检查孔

结构面的规模及产状。通过三维地质建模技术表达了各孔中各组结构面的空间形态及展布，将所有面模型集成在一起后，可以直观了解各组结构面的连通性，为评价各组结构面在空间上的连续性提供参考。大坝及坝基钻孔模型见图 7.3 - 25。

上述地质建模成果通过模型库统一管理，以用于和坝体模型结合进行精细化 CAE 分析。

8. 勘测设计阶段整体模型建立

该阶段 BIM 建模利用施工图阶段设计添加的细部设计信息，建立可剖切出图、指导施工的精细化的整体坝体模型。基于 HydroBIM 的勘测设计阶段整体模型，采用模型库调用原模型，对原模型进行深化加工并对各部分模型进

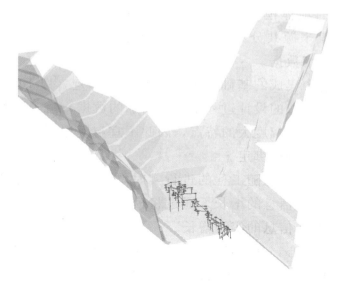

图 7.3 - 25 大坝及坝基钻孔模型

行拼接。这种建模方式不用对各部分模型进行重新建模，节省了大量的建模时间。同时，基于原模型进行深化可以继承原模型上关联的工程信息数据，只需要对新增的工程信息数据进行增添即可完成 BIM 数据的绑定。坝体整体模型如图 7.3 - 26 所示。

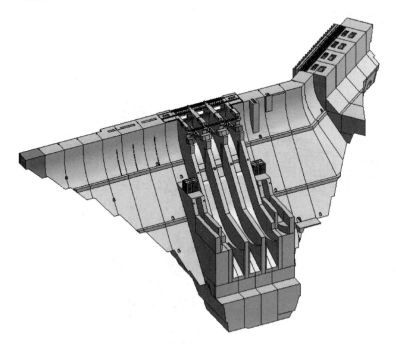

图 7.3 - 26 坝体整体模型

建立完成后的坝体模型需要对各部分的 BIM 模型信息进行添加绑定。BIM 模型信息数据来源共分为两种，从原模型中集成的基础数据和从数据库中提取的新增的详细数据。

其中，原模型中集成的基础数据直接与模型绑定，以 BIM 模型文件的形式集成。数据库中提取的设计过程中不断增加的数据，由于这些数据的灵活性高、增长速度快、变动幅度大的特点，因此不宜与模型直接结合，采用模型与数据中心关联的方式进行绑定。

为保证 BIM 模型信息随工程的进行实时增长，采用模型与数据中心结合的方式实现 BIM 模型信息的增长。通过将模型信息与数据中心的管理信息关联并提取，实现 BIM 信息的实时增长。

通过建立数据中心，在对模型文件不修改的前提下，可以满足数据信息与模型的实时动态关联。这种方式可以保证 CAE 分析过程中提取到的 BIM 模型数据全部为当前数据，保证 CAE 分析结果的合理性和可应用性。

黄登水电站设计阶段提取该 BIM 模型中的工程信息，结合之前建立的地质模型，利用 BIM/CAE 集成分析技术对坝体整体模型的应力应变、抗滑稳定、渗流计算、泄洪消能计算等进行分析，对坝体整体的设计合理性和安全性进行校核。确定坝体设计方案合理，可以投入施工。图 7.3 - 27 为具有全部工程信息的坝体整体分区模型。

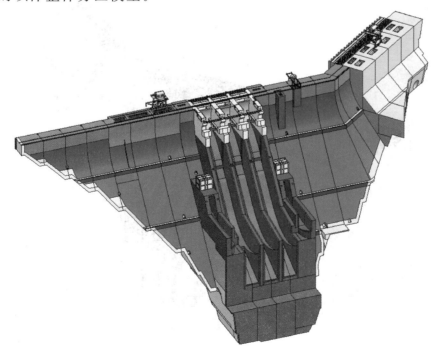

图 7.3 - 27　坝体整体分区模型

9. 模型深化设计

模型深化设计是指在工程施工过程中对招标图纸或原施工图的补充与完善，将施工图进一步的细化，使之变为具有可实时操作性的图纸。同时，针对施工图与实际施工的冲突，进行深化设计，修改图纸，使之满足实际施工情况。在水电厂房的工程项目设计中，管线的布置由于系统繁多、布局复杂，常常出现管线之间或管线与结构构件之间发生交叉的情况，给施工带来麻烦，影响建筑室内净高，造成返工或浪费，甚至存在安全隐患。

在黄登水电站项目的规划设计过程中，基于 HydroBIM 模型，利用碰撞检验的方法，对管线布置综合平衡进行了深化设计。将相关电器的专业施工图中的管线综合到一起，检测其中存在的施工交叉点或无法施工部位的方式，并在不改变原设计的机电工程各系统的设备、材料、规格、型号又不改变原有使用功能的前提下，按照管道避让原则及相应的施工原则，布置设备系统的管路。管路原则上只做位置的移动，不做功能上的调整，使之布局更趋合理，进行优化设计，既达到合理施工又可节省工程造价。

建模的过程同时也是一次全面的"三维校审"的过程。在此过程中可发现大量隐藏在设计中的问题，这些问题往往不涉及规范，但跟专业配合紧密相关，或者属于空间高度上的冲突，在传统的单专业校审过程中很难被发现。在深化设计的图纸修改过程中，HydroBIM 模型具有出图效率高、多专业图纸协同效果好、避免图纸多次修改的优点。与传统 2D 深化设计对比，BIM 技术在深化设计中的优势主要体现在以下几个方面。

（1）三维可视化，直观地把控项目设计。传统的平面设计成果为一张张的平面图，并不直观，而采用三维可视化的 BIM 技术却可以使黄登水电站项目完工后的状貌在施工前就呈现出来，表达上直观清楚。模型均按真实尺度建模，传统表达予以省略的部分均得以展现，从而发现专业配合导致的设计上的缺陷。

（2）专业间结合，有效解决专业配合问题。传统的二维图纸往往不能全面反映个体、各专业、各系统之间交叉的可能，同时由于二维设计的离散性为不可预见性，也将使设计人员疏漏掉一些管线交叉的问题。而利用 BIM 技术可以在管线综合平衡设计时，利用其交叉检测的功能，将交叉点尽早地反馈给设计人员，与业主、顾问进行及时的协调沟通，在深化设计阶段尽量减少现场的管线交叉和返工现象。这不仅能及时排除项目施工环节中可以遇到的交叉冲突，显著减少由此产生的变更申请单，更大大提高了施工现场的生产效率，降低了由于施工协调造成的成本增长和工期延误。

（3）信息实时更新，提高项目管理水平。HydroBIM 模型通过一个综合协同的仿真数字化、可视化平台，让建设工程参建各方均能全面清楚地掌握项目进程、精确定位项目中存在的问题，从而避免了返工和工期延误损失。同时，让管理者能够实时地把控项目各项工作进度，提高项目管理水平，便于项目顺利实施。

（4）模型直接出图，提高出图效率。与传统二维出图相区别，HydroBIM模型采用先建立三维 BIM 模型，再根据三维 BIM 模型剖切出图的方式。俯视图、剖视图等工程图纸可通过 BIM 模型完成快速出图，减少了传统二维出图方式中单个构件多个图纸分别绘制所产生的工作量，大幅度提高了出图效率。需要对图纸进行修改时，仅需要对 BIM 模型进行修改后重新出图，避免了对多个图纸进行修改。挡水坝段混凝土分区如图 7.3-28 所示。

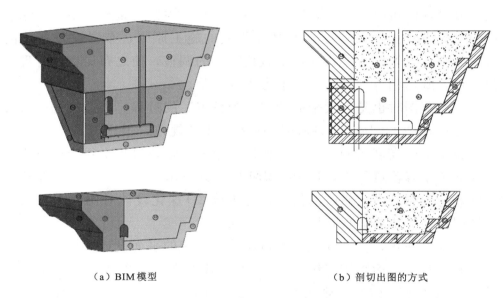

（a）BIM 模型 　　　　　　　　（b）剖切出图的方式

图 7.3-28　挡水坝段混凝土分区图

### 7.3.3　BIM/CAE 集成分析

BIM/CAE 集成分析（图 7.3-29）主要是根据不同专业的 BIM 设计成果，利用云计算技术，在平台内部对接 CAE 有限元分析计算软件，对 BIM 设计成果进行 CAE 有限元计算，并能够根据计算结果反馈优化设计，提高设计质量，实现 BIM 与 CAE 的互馈优化。

**1. 勘测设计阶段 CAE 分析业务种类**

为保证混凝土重力坝设计的合理性、施工的安全性，在勘测设计阶段，需要对其进行大量 CAE 分析。CAE 分析的内容主要包括应力计算、抗滑稳定计算、抗震设计、泄流消能计算。

图 7.3 - 29 BIM/CAE 集成分析

　　勘测设计阶段采用 CAE 技术对设计方案进行分析可以增加设计功能，借助计算机进行分析计算。由于 CAE 分析计算精确、计算量大、计算速度快的特点，可以对坝体整体及各分项工程设计方案进行精确计算，确保枢纽设计的合理性，减少设计成本。

　　借助 CAE 技术，可以快速对设计方案进行校核和调整，针对设计的缺陷，例如黄登水电站设计过程中通过泄洪模拟分析，对于泄洪消能建筑物的薄弱部分及时发现并调整，相较于人工计算校核，可以缩短设计和分析的循环周期。CAE 分析可以模拟整个生命周期内枢纽各部分建筑物的可靠性，在设计阶段对接下来建设阶段和运行维护阶段的情况进行简单分析，可以在施工前提前发现潜在的问题，减小后期的设计调整，降低后期调整对工期和成本的影响，进一步优化设计方案。CAE 分析结果可以反馈枢纽设计，在保证安全性、合理性、有效性的同时，优化枢纽建筑物设计，找出最佳的枢纽建筑物设计方案，降低时间成本、材料消耗等。

　　黄登水电站勘测设计阶段 CAE 分析使用的软件主要包括 ABAQUS、Fluent、ANSYS 等主流线性和非线性有限元计算软件。对于精细化枢纽建筑物设计或条件多变的枢纽建筑物设计，将对单个分部工程调整多种工况多次复核，确保计算的准确性和设计的合理性。

　　CAE 分析软件通过二次开发的方式建立与系统平台的接口。接口用于获取 BIM 模型中的数据用于 CAE 分析计算和将计算结果导出至系统中提供查询和可视化显示。根据有限元分析软件的不同和要进行的 CAE 分析的目标不同，采取不同的二次开发方式，勘测设计阶段的有限元分析软件二次开发主要进行数据提取、分析结果输出、输出结果二次分析反馈优化设计。

二次开发后的有限元分析软件根据计算量的不同，配套的系统采用 B/S 或 C/S 架构，并建立黄登水电站全生命周期管理系统。坝体参数化设计、泄洪消能分析等 B/S 架构系统直接作为模块添加到黄登水电站全生命周期管理系统中，部分 C/S 架构系统以接口的形式集成到 B/S 架构的黄登水电站全生命周期管理系统中。

黄登水电站工程勘测设计阶段大量地应用了 BIM/CAE 集成分析用于方案比选、设计优化、设计方案校核等工作。本节将以黄登水电站勘测设计阶段的几个典型 BIM/CAE 分析为例，对工程勘测设计阶段 BIM/CAE 的实际应用及应用效果进行简要叙述。

### 2. 坝体体型优化

黄登水电站工程勘测设计初期，通过对混凝土拱坝、混凝土重力坝、面板堆石坝等多种坝型及上、中、下坝址的比选，确定了最终采用混凝土重力坝的方案。因此需要利用 BIM/CAE 集成分析技术对碾压混凝土重力坝的外部体型进行初步设计。设计采用自主研发的坝体体型设计参数优化系统平台。系统主要包含坝体外部体型参数化设计、强度稳定性 CAE 分析、经济型约束分析、坝体设计可视化等功能；将坝体体型设计和 BIM/CAE 强度及稳定性分析、工程造价经济性分析有机统一，实现了坝体优化设计参数的反馈，极大地节省了工作时间，省去了大量重复性工作，对于坝体体型确立的合理性和高效性起到了极大的提升作用。

坝体在线参数化设计。通过搭建 Three.js 场景，搭建 Three.js 插件，创建三维场景。利用设计好的坝体体型设计几何参数体系，结合几何学原理进行坝体三维模型的搭建。根据设计规范，参考实际地形、水文等条件，初步选定坝体体型设计关键几何参数的数值，依据坝高、坝顶长度、坝顶宽度、覆盖层厚度、上游侧的综合坡比、下游侧的综合坡比、左岸开挖综合坡比、右岸开挖综合坡比、上游起坡点距坝底高度的参数数值，进行混凝土重力坝分层搭建，完成坝体体型的初步设计。引入 dat.GUI 库，利用 GUI 组件，对坝体体型设计的边界轮廓进行调整，实现在线更改坝体几何边界。同时做到能够实时预览坝体几何边界更改后的坝体体型，以及实时获取坝体体积的数值，并且可以将坝体体型参数保存在后台数据库，实现坝体体型设计参数的实时更新。

坝体 ACE 分析。根据坝体参数化设计拟定的参数数值，绘制 ABAQUS 有限元分析软件所需的三维模型，并转换成 SAT 格式文件。利用 Python 脚本对 ABAQUS 软件进行二次开发，实现 Web 端对接 ABAQUS 软件。在 Web

端系统将 SAT 模型文件与 ABAQUS 软件对接，进行有限元网格剖分。坝体有限元网格剖分结果如图 7.3 - 30 所示。

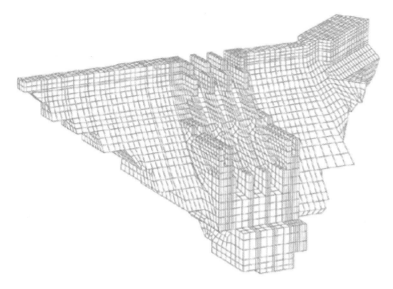

图 7.3 - 30　坝体有限元网格剖分结果

在 Web 端利用 ABAQUS 有限元分析软件，对已完成有限元网格剖分的坝体模型施加正常蓄水位工况下的约束和荷载，以供后续对坝体进行 CAE 分析。坝体在线施加约束与荷载效果如图 7.3 - 31 所示。

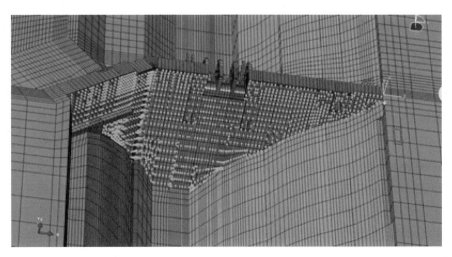

图 7.3 - 31　坝体在线施加约束与荷载效果图

依据坝体体型参数化设计结果，结合坝体不同分区的坝体填筑设计，对坝体不同分区的容重、黏聚力、摩擦角、泊松比等力学属性进行汇总分析。将坝体分区填筑材料的相关力学属性参数在 Web 端录入到 ABAQUS 有限元分析软件中，实现数据的实时对接。针对坝体剖分结果，结合所设置的约束和荷载，以及坝体不同分区的力学属性，利用 ABAQUS 对于坝体在正常蓄水位工况下的强度和稳定性进行有限元计算，得到相应的强度和稳定性指标。

坝体 ACE 分析反馈。根据坝体的强度和稳定性 CAE 分析结果，对坝体体型的关键几何参数进行修改完善，使得坝体的强度和稳定性指标达到最优，实现对于坝体体型参数的反馈优化，最终确定出强度和稳定性相对最优的坝体体型。该模块根据 Web 端对接的 ABAQUS 有限元分析软件，对初步拟定坝体体型的强度和稳定性的分析结果，针对强度和稳定性未达到要求的部位进行坝体体型的设计优化，适当调整坝体分层的高度、坝段的两岸开挖坡比，以及坝肩开挖面的大小等坝体体型参数，以更好地满足坝体强度和稳定性要求，优化坝体体型参数。通过坝体体型优化 BIM/CAE 集成分析，提高了分析结果对体型优化设计反馈的速度，提高了黄登水电站前期坝体外部体型设计的效率。同时，由于这种"参数化建模—CAE 分析—分析结果反馈—参数化建模—……"工作效率的高效性，黄登水电站坝体外部体型设计过程中，通过该系统对坝体外部体型进行了多次分析优化，坝体外部体型设计结果无限逼近于最优方案。

3. 泄洪建筑物体型优化

黄登水电站工程勘测阶段坝体初步设计完成后，需对挡水坝段、泄水坝段、厂房坝段等坝段进行细部设计。黄登水电站工程勘测设计阶段对于泄水坝段提出了多种设计方案，需要对各种方案进行论证。同时，针对选定的方案，还需对设计方案进行优化设计。因此，泄洪建筑物设计过程中，大量采用 BIM/CAE 集成分析，通过 CAE 分析结果，反馈设计进行设计优化。

针对泄洪建筑物泄洪消能相关计算的复杂性、困难性、耗时耗力性，黄登水电站勘测设计阶段中，基于自主研发的泄洪消能模拟仿真平台，通过 Web 端参数化接口调整泄洪建筑物各项参数，同时利用 PHP 调用 Python 脚本，二次开发 Gambit 剖分软件和 Fluent 流态模拟分析软件，搭建了泄洪消能建筑物参数化设计、流态模拟、BIM/CAE 分析一体化集成平台。集成平台实现了泄洪消能工参数化建模、模型自动分网、自动对流态进行模拟并生成分析报告和指导泄洪消能工设计的全套辅助系统。集成平台简化了泄洪消能工 CAE 分析过程的方法步骤，降低了操作难度，提高了计算结果精度，省去了人工操作，大幅度提高了泄洪消能工设计的效率，降低了模拟过程中的时间成本和人力成本，达到了方便、快捷、高效地完成泄洪消能工优化设计的效果。

4. 混凝土重力坝设计合理性总体校核

为保证施工阶段工程的顺利进行及坝体运行的安全性和稳定性，需要针对混凝土重力坝设计的合理性进行整体校核。

黄登水电站工程勘测设计阶段末期，利用整个勘测设计阶段获得的丰富的地形地质资料及坝体设计资料，在对 BIM 模型深化的同时，整合装配形成了地质坝体结合整体模型（图 7.3 - 32）。利用 BIM/CAE 手段，从数据库中提取工程相关参数，并结合从模型库中获取的地质与坝体结合整体模型，进行了整体精细化校核。

图 7.3 - 32 地质坝体结合整体模型

勘测设计阶段所有数据均保存在数据库中并与 BIM 模型相关联。整体校核需要的大量工程参数可通过系统自动根据 BIM 模型获取。每个 BIM 模型都具有唯一标识符（GUID），数据库中的数据根据 BIM 模型的唯一标识符与 BIM 模型绑定，通过模型的唯一标识符，可自动匹配获取数据库中的大量数据。这种数据获取的方式具有获取速度快、数据传输过程中保留完整、获取到的数据针对性强等特点，省去了大量的人工操作，节省了人力成本和时间成本，大幅度提高了 CAE 分析的效率。获取到的数据经过系统的二次解析，可直接转化为 CAE 分析所需的力学参数，指导 CAE 分析的进行。

利用这些获取的参数，进行了混凝土重力坝整体 CAE 分析（图 7.3 - 33），以研究不同条件下当前设计方案下黄登水电站坝体的应力应变、渗流等情况。

对该设计方案整体校核结果进行分析，认为该设计方案可行性强，安全稳定性高，可以正式投入施工。

确定方案可以正式投入施工后，利用 BIM 模型精细度高，可直接剖切出图的特点，完成批量化的施工图出图，大幅度提高了出图速度，保证了图纸的精细化程度，保证了施工的顺利进行。

### 7.3.4 成果管理与交付

建立统一的 BIM 设计成果管理与交付平台，对整个设计过程中的设计成果进行分类管理，以无纸化办公的理念，进行成果的全数字化管控，同时开放不同的成果传输与可视化查看接口，方便进行成果审核与成果的数字化交付。

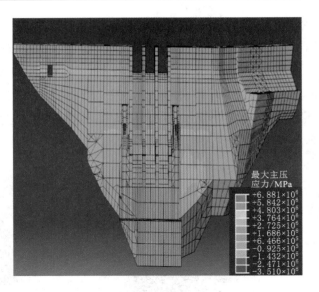

图 7.3－33 坝体上游最大主压应力

（1）模型成果管理。模型成果通过模型库管理模块（图 7.3－34）进行管理。设计人员和建模人员将模型成果通过模型库管理模块上传至服务器中，模型库管理模块提供模型的分类查询并提供模型详细信息的查询及可视化预览（图 7.3－35）。

图 7.3－34 BIM 模型库管理模块

（2）图纸成果管理。图纸成果通过图纸管理模块进行管理。设计人员将图纸成果通过图纸管理模块上传至服务器中，图纸管理模块根据访问人员权限的

图 7.3 - 35　模型详细信息及可视化显示

不同，对其提供不同的图纸上传和下载权限。上传的图纸将与模型关联，除可直接根据图纸名称信息分类下载图纸外，也可直接在总控平台中通过点选模型获取该部分模型对应的图纸（图 7.3 - 36）。

图 7.3 - 36　点选模型查看图纸

（3）分析成果管理。分析成果通过坝体应力应变分析、泄洪消能分析等多个分析模块进行管理。设计人员将分析成果通过相应的分析管理模块上传至服务器中，分析管理模块根据访问人员权限的不同，对其提供不同的分析成果上传和下载权限。上传的分析成果也可以在总控平台统一查看。

（4）工程算量与造价。根据不同分部工程单元工程对应的 BIM 模型的体量和材质等属性信息，进行 BIM 工程算量的自动化统计，同时根据定额库在后台对不同块体的 BIM 模型进行工程算量与造价的计算分析（图 7.3 - 37），可自动生成工程算量与造价的 Excel 表格。

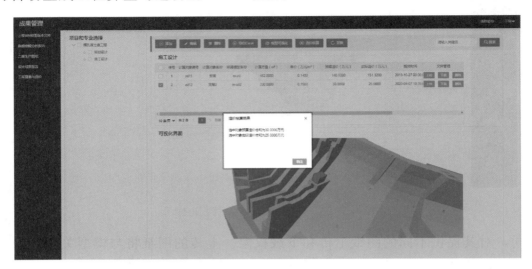

图 7.3 - 37　工程算量与造价管理

（5）成果交付。HydroBIM 交付主要实现 BIM 交付成果的管理（图 7.3 - 38），成果主要包含模型成果、图纸成果及分析成果。

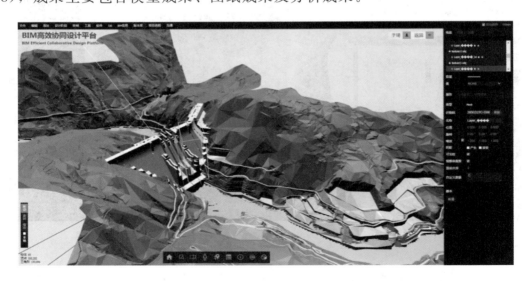

图 7.3 - 38　三维交付场景

模型成果的主要不同在于成果的格式、所属阶段及成果的内容。成果格式主要有 dwf、dwfx、nwc、nwd、nwf、dwg、rvt、rfa；成果内容根据四大模型再进行详细的专业分类，有如下分类：建筑专业模型、结构专业模型、机电专业模型、地质专业模型、水工专业模型、施工专业模型、其他专业模型、全专业整体模型等；所属阶段为规划设计、工程建设和运行管理。图纸成果格式为 pdf；成果内容分为建筑专业图纸、结构专业图纸、机电专业图纸、地质专业图纸、水工专业图纸、施工专业图纸、其他专业图纸、全专业整体图纸等；所属阶段为方案设计阶段、初步设计阶段和施工图设计阶段。

分析成果格式主要有 avi、doc、docx、xls、xlsx、pdf；成果内容有进度模拟分析、结构分析、碰撞检测分析、能耗分析、消防分析、人员疏散分析、通风分析和其他分析等；所属阶段对应规划设计、工程建设和运行管理。以上三种成果均以附件形式上传至服务器。成果交付至服务器中后，将在系统中根据用户权限提供查询和下载。在保证成果保密安全的同时，实现所有成果系统性管理和多专业的协同。

# 第 8 章
# 总 结 与 展 望

## 8.1 总结

随着水利水电行业数字化、智能化建设的不断推进，BIM 技术应用成为行业发展的必然趋势。由于 BIM 引入国内较晚，应用到水利水电行业的时间则更为滞后，要实现 BIM 技术在水利水电行业的普及应用，还是一件长期而艰巨的任务。为此，昆明院借鉴建筑行业 BIM 发展经验、总结水利行业数字化设计经验，结合大数据、云计算、物联网等技术，提出了 HydroBIM 理念。

HydroBIM 是技术集成的创新，经过多年发展，HydroBIM 已逐步形成较为完整的体系，大大提高了工作效率及服务质量。本书首先详细地介绍了 HydroBIM 的平台框架、工作流程、软硬件构成及数据库架构，其次阐述了 HydroBIM 体系的两方面：标准体系和技术体系。在 HydroBIM 的标准体系方面，本书对标准序列、框架等进行了详细说明，并举例说明了分类及编码标准、模型创建标准、交付标准和应用标准；在 HydroBIM 的技术体系方面，本书详尽地阐述了水利水电工程项目数字化设计阶段运用到的主要技术（详细技术内容在本丛书其他分册中进行具体说明）。最后本书通过糯扎渡水电站、观音岩水电站和黄登水电站工程进行了 BIM 应用策划总体路线和规划设计阶段 HydroBIM 实践的应用举例，证明了 HydroBIM 的可行性与优势。

综上所述，基于 HydroBIM 的水利水电工程数字化设计技术，不仅使得设计阶段各专业相互协调、减少深度交叉作业、能够有效地提高设计效率和减少周期；而且提高了设计效益、减少了后续阶段的设计变更，从而提高投资经济效益。基于 HydroBIM 的数字化设计，在提升我国水利水电工程设计技术水平的同时，也为后续水利水电工程设计提供了重要的技术支撑和借鉴。

## 8.2  展望

尽管目前 HydroBIM 技术应用取得了一定的成效，但仍需继续结合实践应用深化技术创新，逐步形成以正向设计为龙头、以精益建造为主导、以设计施工协同为纽带、以数字化为推力的精细化设计和管控模式，共同推进水利水电行业的一体化、智能化建设进程。具体总结为以下四点。

（1）数字孪生应用架构建设。以数字化为驱动，形成融合多参与方、正向设计理念、精益建造模式、多维信息模型、多源感知设备和智能分析手段的数字孪生解决方案，是未来设计施工一体化的主要发展趋势。

（2）数据中心建设。数据中心是数字孪生的应用基础。它不仅是各业务系统数据的简单集合，更是一套建立在相关标准、规范、技术、基础设施之上的完整的数据服务体系。在进行水利水电工程协同管理过程中，数据中心是实现全方位、全过程、数字化、信息化、智能化协同工作与管理的基础，囊括了工程规划设计和施工建设阶段的所有信息。因此，数据中心的建设质量直接关系到水利水电工程设计施工一体化的成效。未来的数据中心建设应重点开展数据中心在整合、开放、云化、绿色化四个方面的研究。

（3）基于 BIM 的正向设计。基于 BIM 的正向设计是一种以 BIM 参数化建模为手段，可根据参数交互动态生成三维数字化模型的方法。水利水电工程设计涉及地质、水工、施工、建筑、机电等多个不同专业，传统的建设过程中会产生大量的施工图纸，各图纸之间没有直接的关联关系，这对行业数字化的发展是十分不利的。正向设计的应用将改变传统的 2D 设计模式。在正向设计模式中，设计的核心要素变成了各专业数据，设计的过程变成了各阶段、各专业数据在各类规范下的协调与统一，最终的设计成果也将以 BIM 模型的形式呈现。但截至 2021 年，正向设计在水利水电行业的运用程度仍然不高，配套的辅助建模与辅助分析工具仍不完善，因此建立从河流规划阶段到施工图设计阶段，融合选址、选线、枢纽布置、枢纽设计、典型断面分析、流态分析等的多专业参数化协同设计工具将成为未来的重点研究方向。

（4）CAE＋AI 仿真分析模拟与预测。在 CAE＋AI 仿真方面，针对设计优化、固体力学分析、流体力学分析、变形预测分析、施工布置方案优化、施工过程优化、装配施工过程分析等方面的研究是未来的重点研究方向。基于 CAE＋AI 的仿真分析是提高数字孪生平台分析模拟水平的有效手段，也是保证物理模型安全性的重要辅助工具。通过模拟过程来高保真地还原物理模型变化规律，使得预测结果能够进行连续的结构响应，进而实现对物理模型的有效馈控。

# 参 考 文 献

[1]　张社荣，顾岩，张宗亮．水利水电行业中应用三维设计的探讨 [J]．水力发电学报，2008，27（3）：65-69.

[2]　香港建筑信息模拟学会（Hong Kong Institute of Building Information Modeling，HKIBIM）．BIM 项目规范（BIM Project Specification）[S]．2010.

[3]　钟登华，崔博，蔡绍宽．面向 EPC 总承包商的水电工程建设项目信息集成管理 [J]．水力发电学报，2010，29（1）：114-119.

[4]　何关培．BIM 总论 [M]．北京：中国建筑工业出版社，2011.

[5]　葛清，何关培．BIM 第一维度——项目不同阶段的 BIM 应用 [M]．北京：中国建筑工业出版社，2011.

[6]　葛文兰．BIM 第二维度——项目不同参与方的 BIM 应用 [M]．北京：中国建筑工业出版社，2011.

[7]　清华大学 BIM 课题组．中国建筑信息模型标准框架研究 [M]．北京：中国建筑工业出版社，2011.

[8]　蔡绍宽，钟登华，刘东海．水利水电工程 EPC 总承包项目管理理论与实践 [M]．北京：中国水利水电出版社，2011.

[9]　桑培东，肖立周，李春燕．BIM 在设计-施工一体化中的应用 [J]．施工技术，2012（16）：25-26，106.

[10]　李德超，张瑞芝．BIM 技术在数字城市三维建模中的应用研究 [J]．土木建筑工程信息技术，2012，4（1）：47-51.

[11]　梁吉欣，赖刚．基于 Skyline 的三维 GIS 在水电工程勘测设计中的应用研究 [J]．四川水力发电，2013（2）：92-95.

[12]　黄锰钢，王鹏翊．BIM 在施工总承包项目管理中的应用价值探索 [J]．土木建筑工程信息技术，2013（5）：88-91.

[13]　王珃玮，胡振中，林佳瑞，等．面向 Web 的 BIM 三维浏览与信息管理 [J]．土木建筑工程信息技术，2013（3）：1-7.

[14]　贺灵童．BIM 在全球的应用现状 [J]．工程质量，2013（3）：12-19.

[15]　雷斌．EPC 模式下总承包商精细化管理体系构建研究 [D]．重庆：重庆交通大学，2013.

[16]　李久林，王勇．大型施工总承包工程的 BIM 应用探索 [J]．土木建筑工程信息技术，2014（5）：61-65.

[17]　杜成波．水利水电工程信息模型研究及应用 [D]．天津：天津大学，2014.

[18]　薛梅，李锋．面向建设工程全生命周期应用的 CAD/GIS/BIM 在线集成框架

[J]. 地理与地理信息科学，2015，31（6）：30-34.

[19] National Institute of Building Sciences（NIBS）. National BIM Standard - United - States. Version 3［S］. https：//classes. engr. oregonstate. edu/cce/winter2018/cce203/NBIMS - US _ V3/NBIMS - US _ V3 _ 2. 4. 4. 1 _ OmniClass _ Table _ 11 _ Construction _ Entities _ by _ Function. pdf.

[20] Building and Construction Authority（BCA）. Singapore BIM Guide Version 2. 0［Z］. https：//www. corenet. gov. sg/media/586132/Singapore - BIM - Guide _ V2. pdf.

[21] Information Delivery Manual（IDM）for BIM Based Energy Analysis as part of the Concept Design BIM 2010 - Version 1. 0［Z］. http：//www. blis - project. org/IAI - MVD/IDM/BSA - 002/PM _ BSA - 002. pdf.

[22] Penn State Department of Architectural Engineering. BIM Project Execution Planning Guide，Version 2. 0［Z］. https：//edisciplinas. usp. br/pluginfile. php/4999144/mod _ folder/content/0/bim _ project _ execution _ planning _ guide - v2. 0. pdf.

[23] 赵继伟，魏群，张国新. 水利工程信息模型的构建及其应用［J］. 水利水电技术，2016，47（4）：29-33.

[24] 朱亮，邓非. 基于语义映射的 BIM 与 3D GIS 集成方法研究［J］. 测绘地理信息，2016，41（3）：16-19.

[25] 肖贝. Revit 二次开发在基坑土方工程中的应用研究［D］. 南昌：南昌大学，2016.

[26] 宋斌. BIM 技术在高大模板工程中的应用研究［D］. 南京：东南大学，2016.

[27] 刘金岩，刘云锋，李浩. 基于 BIM 和 GIS 的数据集成在水利工程中的应用框架［J］. 工程管理学报，2016，30（4）：95-99.

[28] 王涛. 我国水利信息化发展研究综述［J］. 水利技术监督，2017，25（5）：31-33.

[29] 王华兴，张社荣，潘飞. IFC4 流程实体在 4D 施工信息模型创建中的应用［J］. 工程管理学报，2017，31（2）：90-94.

[30] 张志伟，何田丰，冯奕，等. 基于 IFC 标准的水电工程信息模型研究［J］. 水力发电学报，2017，36（2）：83-91.

[31] 杨顺群，郭莉莉，刘增强. 水利水电工程数字化建设发展综述［J］. 水力发电学报，2018，37（8）：75-84.

[32] 张社荣，潘飞，吴越，等. 水电工程 BIM - EPC 协作管理平台研究及应用［J］. 水力发电学报，2018，37（4）：1-11.

[33] 潘飞，张社荣. 基于 3D WebGIS 的土木水利工程 BIM 集成和管理研究［J］. 计算机应用与软件，2018，35（4）：69-74.

[34] 张社荣，潘飞，史跃洋，等. 基于 BIM - P3E/C 的水电工程进度成本协同研究［J］. 水力发电学报，2018，37（10）：103-112.

[35] 魏来. 关于建筑信息模型（BIM）交付的几个关键问题辨析［J］. 建筑技艺，2018，273（6）：46-49.

[36] 蒋乐龙，张社荣，潘飞. 基于 BIM＋GIS 的长距离引水工程建设管理系统设计与

实现［J］. 工程管理学报，2018，32（2）：51-55.

［37］ 姜佩奇，张社荣. 基于 WebGIS 的土石坝碾压监控可视化平台开发［J］. 水电能源科学，2018，36（6）：68-72.

［38］ 张勇，刘涵. BIM 技术在工程全生命周期咨询服务的应用［J］. 云南水力发电，2018，34（5）：107-110.

［39］ 金鼎. 基于 BIM 的闸坝工程三维信息模型构建及应用研究［D］. 成都：西华大学，2019.

［40］ 崔争. 水利工程项目管理云平台的研究与应用［D］. 郑州：华北水利水电大学，2019.

［41］ 中国水利水电勘测设计协会. 水利水电工程设计信息模型交付标准：T/CWHIDA 0006—2019［S］. 北京：中国水利水电出版社，2019.

［42］ 张社荣，吴越，张宗亮，等. 基于 3D WebGIS 的碾压混凝土运输浇筑过程的集成监控技术［J］. 水电能源科学，2019，37（7）：113-117.

［43］ 涂圣文，杨柳，姚常伟. BIM＋VR 道路设计系统技术特点及应用现状［J］. 公路，2019，64（2）：164-169.

［44］ 张宗亮，杨宜文，张社荣，等. 黄登水电站特高碾压混凝土重力坝 BIM 技术应用［J］. 中国水利，2020（13）：66.

# 索 引

## 《水利水电工程信息化 BIM 丛书》
## 编辑出版人员名单

**总 责 任 编 辑：** 王　丽　　黄会明

**副总责任编辑：** 刘向杰　　刘　巍　　冯红春

**项 目 负 责 人：** 刘　巍　　冯红春

**项目组成人员：** 宋　晓　　王海琴　　任书杰　　张　晓

邹　静　　李丽辉　　郝　英　　夏　爽

范冬阳　　李　哲　　石金龙　　郭子君

## 《HydroBIM－数字化设计应用指南》

**责 任 编 辑：** 刘　巍　　任书杰

**审 稿 编 辑：** 任书杰　　王照瑜　　孙春亮　　冯红春

**封 面 设 计：** 李　菲

**版 式 设 计：** 吴建军　　郭会东　　孙　静

**责 任 校 对：** 梁晓静　　张晶洁

**责 任 印 制：** 焦　岩　　冯　强